欣悉我的著作系列即将在中国人民大学出版社出版，结构主义人类学理论亦将在有着悠久文明历史的中国继续获得系统的研究，对此我十分高兴。值此之际，谨祝中国的社会科学取得长足进步。

克洛德·列维－斯特劳斯
2006年1月15日
于法兰西学院社会人类学研究所

Claude Lévi-Strauss

列维-斯特劳斯文集

16 面对现代世界问题的人类学

L'ANTHROPOLOGIE FACE AUX PROBLÈMES DU MONDE MODERNE

[法] 克洛德·列维-斯特劳斯／著
Claude Lévi-Strauss

栾曦／译

中国人民大学出版社
·北京·

克洛德·列维-斯特劳斯

总　序

克洛德·列维-斯特劳斯为法兰西学院荣誉退休教授，法兰西科学院院士，国际著名人类学家，法国结构主义人文学术思潮的主要创始人，以及当初五位“结构主义大师”中今日唯一健在者。在素重人文科学理论的法国文化中，第二次世界大战后两大“民族思想英雄”之代表应为：存在主义哲学家萨特和结构主义人类学家列维-斯特劳斯。“列维-斯特劳斯文集”（下称“文集”）中文版在作者将届百岁高龄之际由中国人民大学出版社出版，遂具有多方面的重要意义。简言之，“文集”的出版标志着中法人文学术交流近年来的积极发展以及改革开放政策实施以来中国人文社会科学所取得的一项重要学术成果，同时也显示出中国在与世界学术接轨的实践中又前进了一大步。关于作者学术思想的主旨和意义，各位译者均在各书译后记中作了介绍。在此，我拟略谈列维-斯特劳斯学术思想在西方人文社会科学整体中所占据的位置及其对于中国人文社会科学现代化发展所可能具有的意义。

列维-斯特劳斯的学术思想在战后西方人文社会科学史上占有独特的地位，其独特性首先表现在他作为专业人类学家和作为结构主义哲学家所具有的双重身份上。在人类学界，作为理论人类学家，50 年来其专业影响力几乎无人可及。作为“结构主义哲学家”，其声势在结构主义运动兴盛期间竟可直逼萨特，甚至曾一度取而代之。实际上，他是 20 世纪六七十年代法国结构主义思潮的第一创始人，其后结构主义影响了法国甚至西方整整一代文化和学术的方向。比萨特更为重要之处则表现在，其影响不限于社会文化思潮方面，而是同时渗透到人文社会科学的各个专业领域，并已成为许多学科的重要理论和方法论的组成部分。可以说，列维-斯特劳斯的结构主义在诸相关学科领域内促成了各种多学科理论运作之交汇点，以至于以其人类学学科为中心可将其结构理论放射到许多其他相关学科中去；同时作为对传统西方哲学的批评者，其理论方法又可直接影响人文社会科学的认识论思考。

当然，列维-斯特劳斯首先是一位人类学家。在法国学术环境内，他选择了与英美人类学更宜沟通的学科词“anthropology”来代表由自己所创新的人类学—社会学新体系，在认识论上遂具有重要的革新意义。他企图赋予“结构人类学”学科的功能也就远远超过了通常人类学专业的范围。一方面，他要将结构主义方法带入传统人类学领域；而另一方面，则要通过结构人类学思想来影响整个人文社会科学的方向。作为其学术思想总称的“结构人类学”涉及众多学科领域，大致可包括：人类学、社会学、考古学、语言学、哲学、历史学、心理学、文学艺术理论（以至于文艺创作手法），以及数学等自然科学……结果，20世纪60年代以来，他的学术思想不仅根本转变了世界人类学理论研究的方向，而且对上述各相关学科理论之方向均程度不等地给予了持久的影响，并随之促进了现代西方人文社会科学整体结构和方向的演变。另外，作者早年曾专修哲学，其人类学理论具有高度的哲学意义，并被现代哲学界视为战后法国代表性哲学家之一。他的哲学影响力并非如英美学界惯常所说的那样，仅限于那些曾引起争议的人生观和文化观方面，而是特别指他对现代人文社会科学整体结构进行的深刻反省和批评。后者才是列维-斯特劳斯学术理论思想的持久性价值所在。

在上述列举的诸相关学科方法论中，一般评论者都会强调作者经常谈到的语言学、精神分析学和马克思哲学对作者结构人类学和神话学研究方式所给予的重大影响。就具体的分析技术面而言，诚然如是。但是，其结构主义人类学思想的形成乃是与作者对诸相关传统学科理论方向的考察和批评紧密相连的。因此更加值得我们注意的是其学术思想形成过程中所涉及的更为深广的思想学术背景。这就是，结构人类学与20世纪处于剧烈变动中的法国三大主要人文理论学科——哲学、社会学和历史学——之间的互动关系。作者正是在与此三大学科系列的理论论辩中形成自己的结构人类学观念的。简言之，结构人类学理论批评所针对的是：哲学和神学的形而上学方向，社会学的狭义实证主义（个体经验主义）方向，以及历史学的（政治）事件史方向。所谓与哲学的论辩是指：反对现代人文社会科学继续选择德国古典哲学中的形而上学和本体论作为各科学术的共同理论基础，衍生而及相关的美学和伦理学等部门哲学传统。所谓与社会学的论辩是指：作者与法国社会学和英美人类学之间的既有继承又有批判的理论互动关系。以现代"法国社会学之父"迪尔凯姆（Emile Durkheim）为代表的"社会学"本身即传统人种志学（ethnography）、人种学（ethnology）、传统人类学（anthropology）、心理学和语言学之间百年来综合互动的产物；而作为部分地继承此法国整体主义新实证社会学传统的列维-斯特劳斯，则是在扩大的新学术环境里进一步深化了该综合互动过程。因此作者最后选用"结构人类学"作为与上述诸交叉学科相区别的新学科标称，其中蕴含着深刻的理论革新意义。

所谓与历史学的论辩是指：在历史哲学和史学理论两方面作者所坚持的历史人类学立场。作者在介入法国历史学这两大时代性议题时，也就进一步使其结构人类学卷入现代人文社会科学认识论激辩之中心。前者涉及和萨特等历史哲学主流的论辩，后者涉及以年鉴派为代表的150年来有关“事件因果”和“环境结构”之间何者应为“历史性”主体的史学认识论争论。

几十年来作者的结构人类学，尽管在世界上影响深远，却也受到各方面（特别是一些美国人类学和法国社会学人士）的质疑和批评，其中一个原因似乎在于彼此对学科名称，特别是“人类学”名称的用法上的不同。一般人类学家的专业化倾向和结构人类学的“泛理论化”旨趣当然会在目标和方法两方面彼此相异。而这类表面上由于学科界定方式不同而引生的区别，却也关系到彼此在世界观和认识论方面的更为根本的差异。这一事实再次表明，列维-斯特劳斯的人类学思想触及了当代西方人文理论基础的核心领域。与萨特以世界之评判和改造为目标的“社会哲学”不同，素来远离政治议题的列维-斯特劳斯的“哲学”，乃是一种以人文社会科学理论结构调整为目的的“学术哲学”。结构主义哲学和结构人类学，正像20世纪西方各种人文学流派一样，都具有本身的优缺点和影响力消长的过程。就法国而言，所谓存在主义、结构主义、后结构主义的“相互嬗替”的历史演变，只是一种表面现象，并不足以作为评判学派本身重要性的尺度。当前中国学界更不必按照西方学术流派演变过程中的一时声誉及影响来判断其价值。本序文对以列维-斯特劳斯为首的结构主义的推崇，也不是仅以其在法国或整个西方学界中时下流行的评价为根据的，而是按照世界与中国的人文社会科学整体革新之自身需要而加以评估的。在研究和评判现代西方人文社会科学思想时，需要区分方向的可取性和结论的正确性。前者含有较长久的价值，后者往往随着社会和学术条件的变迁而不断有所改变。思想史研究者均宜于在学者具体结论性话语中体察其方向性含义，以最大限度地扩大我们的积极认知范围。今日列维-斯特劳斯学术思想的价值因此不妨按照以下四个层面来分别评定：作为世界人类学界的首席理论代表；作为结构主义运动的首席代表；作为当前人文社会科学理论现代化革新运动中的主要推动者之一；作为中国古典学术和西方理论进行学术交流中的重要方法论资源之一。

20世纪90年代以来，适逢战后法国两大思想运动“大师凋零”之会，法国学界开始了对结构主义时代进行全面回顾和反省的时期，列维-斯特劳斯本人一生的卓越学术贡献重新受到关注。自著名《批评》杂志为其九十华诞组织专辑之后，60年代初曾将其推向前台的《精神》期刊2004年又为其组编了特刊。我们不妨将此视作列维-斯特劳斯百岁寿诞“生平回顾”纪念活动之序幕。2007年夏将在芬兰举办的第9届国际符号学大会，亦将对时届百龄的作者表达崇高的敬意。凡此种种均表明作者学术思想在国际上所享有的持久影响力。列维-斯特劳斯和结构主义的学术成就是属于全人类的，因此也将在不断扩展中的全人类思想范围内，继续参与积极的交流和演变。

作为人类文化价值平等论者，列维-斯特劳斯对中国文化思想多次表示过极高的敬意。作者主要是通过法国杰出汉学家和社会学家格拉内(Marcel Granet)的著作来了解中国社会文化思想的特质的。两人之学同出迪尔凯姆之门，均重视对文化现象进行整体论和结构化的理论分析。在2004年出版的《列维-斯特劳斯纪念文集》(L'Herne 出版社，M. Izard 主编)中有古迪诺(Yves Goudineau)撰写的专文《列维-斯特劳斯，格拉内的中国，迪尔凯姆的影子：回顾亲属结构分析的资料来源》。该文谈到列维-斯特劳斯早年深受格拉内在1939年《社会学年鉴》发表的专著的影响，并分析了列维-斯特劳斯如何从格拉内的“范畴”(类别)概念发展出了自己的“结构”概念。顺便指出，该纪念文集的编者虽然收进了几十年来各国研究列维-斯特劳斯思想的概述，包括日本的和俄罗斯的，却十分遗憾地遗漏了中国的部分。西方学术界和汉学界对于中国当代西学研究之进展，了解还是十分有限的。

百年来中国学术中有关各种现代主题的研究，不论是政经法还是文史哲，在对象和目标选择方面，已经越来越接近于国际学术的共同标准，这是社会科学和自然科学全球化过程中的自然发展趋势。结构主义作为现代方法论之一，当然也已不同程度上为中国相关学术研究领域所吸纳。但是，以列维-斯特劳斯为首的法国结构主义对中国学术未来发展的主要意义却是特别与几千年来中国传统思想、学术、文化研究之现代化方法论革新的任务有关的。如我在为《国际符号学百科全书》（柏林，1999）撰写的“中国文化中的记号概念”条目和许多其他相关著述中所言，传统中国文化和思想形态具有最突出的“结构化”运作特征（特别是“二元对立”原则和程式化文化表现原则等思考和行为惯习），从而特别适合于运用结构主义符号学作为其现代分析工具之一。可以说，中国传统“文史哲艺”的“文本制作”中凸显出一种结构式运作倾向，对此，极其值得中国新一代国学现代化研究学者关注。此外，之所以说结构主义符号学是各种现代西方学术方法论中最适合中国传统学术现代化工作之需要者，乃因其有助于传统中国学术思想话语（discourse）和文本

(text) 系统的“重新表述”，此话语组织重组的结果无须以损及话语和文本的原初意涵为代价。反之，对于其他西方学术方法论而言，例如各种西方哲学方法论，在引入中国传统学术文化研究中时，就不可避免地会把各种相异的观点和立场一并纳入中国传统思想材料之中，从而在中西比较研究之前就已“变形”了中国传统材料的原初语义学构成。另一方面，传统中国文史哲学术话语是在前科学时代构思和编成的，其观念表达方式和功能与现代学术世界通行方式非常不同，颇难作为“现成可用的”材料对象，以供现代研究和国际交流之用。今日要想在中西学术话语之间(特别是在中国传统历史话语和现代西方理论话语之间) 进行有效沟通，首须解决二者之间的“语义通分”问题。结构主义及其符号学方法论恰恰对此学术研究目的来说最为适合。而列维-斯特劳斯本人的许多符号学的和结构式的分析方法，甚至又比其他结构主义理论方法具有更直接的启示性。在结构主义研究范围内的中西对话之目的绝不限于使中国学术单方面受益而已，其效果必然是双向的。中国研究者固然首须积极学习西方学术成果，而此中西学术理论“化合”之结果其后必可再反馈至西方，以引生全球范围内下一波人类人文学术积极互动之契机。因此，“文集”的出版对于中国和世界人文社会科学方法论全面革新这一总目标而言，其意义之深远自不待言。

“文集”组译编辑完成后，承蒙中国人民大学出版社约我代为撰写一篇“文集”总序。受邀为中文版“列维-斯特劳斯文集”作序，对我来说，自然是莫大的荣幸。我本人并无人类学专业资格胜任其事，但作为当代法国符号学和结构主义学术思想史以及中西比较人文理论方法论的研究者，对此邀请确也有义不容辞之感。这倒不是由于我曾在中国最早关注和译介列维-斯特劳斯的学术思想，而是因为我个人多年来对法国人文结构主义思潮本身的高度重视。近年来，我在北京（2004）、里昂（2004）和芬兰伊马特拉（2005）连续三次符号学国际会议上力倡此意，强调在今日异见纷呈的符号学全球化事业中首应重估法国结构主义的学术价值。而列维-斯特劳斯本人正是这一人文科学方法论思潮的主要创始人和代表者。

结构主义论述用语抽象，“文集”诸译者共同努力，完成了此项难度较大的翻译工作。但在目前学术条件下，并不宜于对译名强行统一。在一段时间内，容许译者按照自己的理解来选择专有名词的译法，是合乎实际并有利于读者的。随着国内西学研究和出版事业的发展，或许可以在将来再安排有关结构主义专有名词的译名统一工作。现在，“文集”的出版终于为中国学界提供了一套全面深入了解列维-斯特劳斯结构主义思想的原始资料，作为法国结构主义的长期研究者，我对此自然极感欣慰，并在此对“文集”编辑组同仁和各卷译者表示诚挚祝贺。

李幼蒸 2005 年 12 月

国际符号学学会（IASS）副会长

中国社会科学院世界文明研究中心特约研究员

前言

1986年春，克洛德·列维-斯特劳斯第四次出访日本，在此期间他应石坂基金会的邀请在东京做了三场演讲，这三场演讲正是此书的三个部分，演讲所围绕的主题即为此书的书名：面对现代世界问题的人类学。

为了突出并深入探讨此书的中心主旨，并使之贴近现实，克洛德·列维-斯特劳斯从他的作品中吸取灵感。他翻读了曾让自己声名大噪的文章，重新提出了一直担忧的重要社会问题，特别是“种族”与历史、“种族”与文化的关系。或者说他还在找寻着人文主义的新形式以面对当今这个巨变中的世界的未来。

在这里，克洛德·列维-斯特劳斯的老读者们能够找到那些他一直致力研究的问题，而对于新一代读者来说，这位著名的人类学家将提供给他们一种未来的视角。克洛德·列维-斯特劳斯在强调人类学作为一种新型的“大众人文主义”的重要性的同时，也在思忖“西方文化霸权的终结”以及文化相对主义与道德评判之间的联系。当他在审视一个全球化了的社会所面临的问题时，主要关注的是经济活动、非自然生育问题以及科学思想与神话思想之间的联系。

在这三场演讲中，克洛德·列维-斯特劳斯表现出了对这个正要迈进21世纪的世界的担忧，因为它正面临着严峻的问题：“意识形态爆炸”的多种形式与传统主义演变之间的类同。

克洛德·列维-斯特劳斯的作品享誉世界，今天它们成为面向未来的“思想实验室”。

此书无疑将引导大学生和年轻的一代人深入地理解克洛德·列维-斯特劳斯的世界。

莫里斯·欧朗德[①]（Maurice Olender）

---

① 莫里斯·欧朗德：生于1946年，法国历史学家。——译者注

目　录

I　西方文化霸权的终结

首先我要感谢石坂基金会给予我的极大礼遇与信任，让我在此演讲。要知道从1977年起，有很多杰出人士在这里做过演讲。同时我还要感谢其向我推荐的主题——面对现代世界问题的人类学。人类学，一个我为其奉献了一生的学科。

我首先要谈一谈人类学是如何从其特有的角度来阐释这些问题的。接着我将会试着界定人类学的特性，即人类学审视当代世界问题的独特视角，希望人们通过人类学更好地了解当代世界的问题，而不是企图仅仅依靠它来解决问题。

向他人学习

近两个世纪以来，西方文明一直自诩为进步的文明。其他文明也曾认为应该以此作为典范，按其模式发展。所有文明都曾坚信科学和技术将会持续不断地迅速发展，并能使人类更强大、更幸福；曾相信18世纪末在法国和美国出现的政治制度、社会组织形式及其哲学理论依托将会给予每个国家的人民在个人生活管理方面更多的自由，赋予他们在公共事务管理方面更多的责任；也曾坚信道德评判和审美追求——对真、善、美的热爱，将会不可抗拒地蔓延至整个世界。

然而，20世纪发生在这个世界上的事实却推翻了这些乐观的预想。极权思想盛行，甚至还在好多地方持续蔓延。数以千万计的人被杀害，人类陷入到可怕的种族灭绝中。即使恢复了和平，人们也不再相信科学和技术只会带来益处，更不再相信18世纪的那些道德准则、政治制度以及社会生活方式能够解决人类所面临的严重问题。

科学技术确实极大地扩展并丰富了我们对于物理和生物世界的认识。它们给予了人类对抗那个仅仅在一个世纪前还没人能够怀疑的大自然的力量。然而我们不得不开始计算为了获得这种力量而付出了的代价，更要清楚人类对大自然的征服是否也带来了副作用。科学技术让人类拥有了有效的破坏手段，即使是那些未被使用的手段，但只要它们存在，也足以威胁到人类的生存。今天，人类的生存还面临着一种潜在却真实的威胁，即最重要资源——土地、空气和水的匮乏和污染，以及自然资源多样性的减少。

某种程度上可以说得益于医学的发展，人口数量在不断地增长，但另一方面，人口增长导致的结果却是世界上有许多地区已无法满足那些遭受饥饿折磨的人们的根本需要。即使在那些能够满足人们基本生存需要的地区，也出现了一种不平衡：为了提供工作给越来越多的人，必须一直扩大生产，因此我们感觉像是被拖入到了一场无休止的追求不断提高的生产率的赛跑中。生产唤起消费，而消费本身又要求更多的生产。越来越多的人被拉入到工业的直接或间接需求中。他们因此聚集在庞大的集体居住区，过着非自然、非人性化的生活。民主制度的实施和社会保障的需要滋生了强势的官僚主义，它不断地扰乱社会并使其陷入瘫痪。最终我们不禁要问，按照这种模式创建的现代社会难道不会很快变得难以掌控吗？

物质和精神的发展不会停歇，长久以来我们一直相信的事实正面临着最严重的危机。西方文明丢失了它自身的模式，便更不敢把这个模式提供给其他民族。此时，难道不应该放眼他处，扩展我们对于人类状况认识的传统框架吗？我们难道不应该把更多样、更有别于自己民族的社会经验纳入其中吗？我们不应该还像从前那样一味地局限在那种狭隘的境域中。既然西方文明从它自身已不再能找到新的、进步的东西，那么它到底该不该向那些不久前才摆脱其影响、微不足道且长期被歧视的民族学习如何审视人类，特别是如何审视自己呢？近几十年来，思想家、学者和实干家们便提出了这样的问题，并力图通过人类学探究其答案。因为其他社会科学更关注当代世界，没能给予他们答案。那么到底这个长期处于暗处的学科，对于这些问题又会有怎样的阐释呢？

独特且奇怪的现象

无论在什么时期，什么地方，人类活动其实都具有相同的特征。一直以来，只有人类具有言语能力。他们过着群居的生活。人类的繁殖并不是盲目的，而是遵循着一定的规律。人类制造并使用生产工具。他们的社会生活受完整的制度体系制约，这种制度体系可以因社群的不同而有所差别，但其一般形式却是始终不变的；且尽管各自的发展进程不同，但均发挥着经济、教育、政治和宗教的作用。

从其广义来看，人类学是一门旨在研究“人类现象”的学科。“人类现象”无疑也是一种自然现象。然而，相比动物生活的各种形式，“人类现象”表现出了一些恒定的、独有的特征，这就要求我们应该以一种独立的、不同的方式研究它。

因此，我们可以说人类学的历史和人类自身的历史一样久远。从有史实记载开始，我们发现那些曾陪同亚历山大大帝游历亚洲的编年史作者们的作品，已经明显地开始以我们称之为人类学的视角审视问题。色诺芬（Xénophon，约前 430—前 354）[①]、希罗多德（Hérodote，约前 484—前 425）[②] 和帕萨尼亚斯（Pausanias，143—176）[③] 的作品更蕴含着高度的哲学意义，亚里士多德和卢克莱修（Lucrèce，约前 99—前 55）[④] 亦是如此。

---

① 色诺芬：古希腊历史学家、作家，雅典人，苏格拉底的弟子。著有《远征记》《希腊史》以及《回忆苏格拉底》等。——译者注

② 希罗多德：古希腊作家，著有《历史》一书，是西方文学史上第一部完整流传下来的散文作品。——译者注

③ 帕萨尼亚斯：希腊地理学家和历史学家，著有《希腊志》——一本关于古希腊地志和历史的十分有价值的书。——译者注

④ 卢克莱修：罗马共和国末期的诗人和哲学家，以哲理长诗《物性论》著称于世。——译者注

在阿拉伯国家，大旅行家伊本·白图泰(Ibn Batouta，1304—1377)[①] 和历史学家、哲学家伊本·赫勒敦（Ibn Khaldoun，1332—1406)[②] 在16世纪时就拥有一种确确实实的人类学思想。正如好几个世纪之前，为了收集宗教资料，中国和尚去往印度，而日本僧侣也曾为此来到中国。

在那个时代，中日之间的贸易交流途经朝鲜半岛，而在那里，从公元7世纪开始，便萌生了对人类学的好奇。据古老的编年史记载，文武王(Munmu，626—681)[③] 的弟弟接受成为宰相的条件是必须首先隐姓埋名地到全国各地旅行以便观察人们的生活。这便是第一份人种志调查，尽管老实说今天的人种志学者们并不愿意承认它。因为就好像是这位朝鲜显贵成了主人，而他们则变

---

① 伊本·白图泰：摩洛哥的穆斯林学者，大旅行家。——译者注

② 伊本·赫勒敦：出生于今天的突尼斯，阿拉伯穆斯林学者、史学家、经济学家、社会学家、哲学家，被认为是人口统计学之父。著有《历史绪论》。——译者注

③ 文武王：姓金名法敏，是新罗第三十代君主（公元661—681年在位），在位期间实现了朝鲜半岛的三国统一。——译者注

成了希望与之共眠的情妇。在朝鲜的编年史中还记载着这样一件事：一位王后的儿子因编纂了关于中国和新罗民俗的书籍而被尊为朝鲜最伟大的十名圣贤之一。

中世纪，十字军东征令欧洲人眼界大开，发现了东方，继而通过 13 世纪时被罗马教皇和法兰西国王派遣到蒙古的密使们的讲述认识了东方，14 世纪时马可·波罗在中国的居住经历更让欧洲人了解了东方。文艺复兴初期，人们开始归类各种各样的具有人类学思想的原始资料，如奥斯曼帝国入侵到东欧和地中海后产生的文学。介绍中世纪民俗的一些别出心裁的文学作品丰富了古希腊、罗马文化作品中关于那些身形巨大、习性奇怪的可怕的野蛮人的描述，这种野蛮人也被称为“普林尼式种族”，因为公元 1 世纪时，老普林尼（Pline l’Ancien，23—79）[1] 在他的《博物志》中对此有过最初的描

---

① 老普林尼：拉丁语为 Gaius Plinius Secundus（盖乌斯·普林尼·塞孔都斯），古罗马百科全书式作家、博物学者、军人、政治家，以其所著《博物志》一书著称。——译者注

述。日本人对这种形象并不陌生，但也许是由于闭关锁国的原因，这种形象存留在日本人脑海里的时间更长。我第一次来日本时，收到了一部 1789 年出版的百科全书作为礼物，书名为《增补训蒙图汇》（*Zôho Kunmo Zui*）。在该书的地理学部分，就记载着一群长着极长的胳膊和腿的奇怪的外族人。

同一时期，欧洲获得了更多关于外界的资讯，并不断积累着实证，这些认知从 16 世纪开始，伴随着地理大发现，从非洲、美洲和大洋洲源源不断地涌向欧洲。很快地，游记作品在德国、瑞士、英国和法国大肆流行起来。影响广泛的旅游文学给人类学的研究提供了素材。以法国的拉伯雷和蒙田作为代表，这类文学作品自 18 世纪起开始蔓延至整个欧洲。

在日本我们发现了同样的现象，但由于缺少对遥远国度的直接了解，旅行往往是虚构的。如大江文坡（Ôe Bunpa，？—1790）[①] 就杜撰了

① 大江文坡：日本江户时代著名小说家。——译者注

一次在某个名为 Harashirya 的地方的旅行——实际上就是巴西，那里住着“不会种植谷物、以枯树根为食、没有首领、崇拜善射之人”的土著人。这基本上和两个世纪前蒙田的叙述一致，他在和一些被航海家带回到法国的巴西印第安人交谈后如是说。

尽管认定人类学的研究始于 19 世纪，在今天得以普遍应用，但最初的研究动机却是出于一种“古董商的好奇”。我们注意到那些重要的古典学科，如历史学、考古学、文献学和自然科学都被顺理成章地安排进大学课程，但却忘了自己身后的遗留物。于是，好奇者们便像拾荒者一样，开始收集这些被其他科学不以为然地丢弃在知识垃圾箱中的残枝末节。

起初，人类学大概就只是一些独特、奇怪事件的结集。然而，我们渐渐发现这些残枝末节要比我们所认为的重要许多。原因说来很简单。

自己与他人的共同点最能让人印象深刻。历史学家、考古学家、哲学家、伦理学家和人文学者都会从新发现的民族中寻求认证，证明其关于人类过去的猜想是正确的。这解释了为什么在文艺复兴时期的地理大发现中，最初，旅行家们的故事并没有引起人们的关注。因为比起发现新世界，人们更多地在找寻着人类的过去。野蛮人的生活方式证明《圣经》中，以及希腊、拉丁作家们笔下的亚当花园、黄金时代、青春之泉、亚特兰蒂斯或财富岛等都是真实存在的。

我们曾一直忽略，甚至一直拒绝看到差异，但这些差异对于研究人类来说却是最重要的。正如让-雅克·卢梭所说："为了发现特性，首先应该观察差异。"

接着我们便发现，这些独特的、奇怪的现象之间的联系比我们关注的那些我们认为重要的现象之间的联系更加紧密。这些被忽略的或才开始被研究的东西，如不同的社会用来在男人女人之间分配工作的方式（在某个社会中，到底是男人还是女人负责陶器制造、编织或耕种?）让我们在对比和归类人类社会时有了比以往更为坚实的依据。

除了分工，还有居住方式。一对年轻人，婚后要住在哪里？是和丈夫的父母住还是和妻子的父母住？或是有一个独立的住处？

同样的，家系认定和婚配方式也长期被忽视，因为它们看上去很多变且毫无意义。为什么在很多国家中，人们把堂兄弟、堂姐妹看成是真正的兄弟或姐妹，因而禁止他们之间的婚姻，表亲之间却可以结为夫妇，即使不是强制的规定？又为什么阿拉伯国家几乎是唯一一个例外的？

还有饮食的禁忌，世界上没有哪个国家通过禁食某类食物来试图表明其独特之处，例如：犹太教徒和伊斯兰教徒不吃猪肉，某些美洲部落不吃鱼，还有一些地方不吃鹿肉，如此等等。

所有的这些独特性其实就是人类之间的差异。因为实际上，每个人都是不同的，所以这些差异是可比较的。这就解释了为什么人类学家对于那些表面上看起来微不足道但却可以用来简单地归类种群的差异产生了兴趣。人类社会的多样性中自此又增添了一种办法，它与动物学家、植物学家归类物种采用的办法相同。

在此方面，最有效的研究是关于亲子关系认定和婚配方式的。事实上，人类学家所研究的社会，其人数是不确定的，从几十人到几百人或几千人不等。尽管如此，这些社会与我们的社会相比，规模还是很小的。因此那些社会中的人类关系具有个人属性。最好的证明就是无文字社会试图按照亲属模式来构建成员之间的关系，即所有人都是各自的兄弟、姐妹、堂表兄弟、堂表姐妹、叔舅、婶姨……如果一个人不是亲属而是陌生人，那么他便会成为潜在的敌人。人们甚至不需要查阅家谱，因为在很多社会中，用简单的规则就可以给每个人按其出身指定某个等级，划分等级时主要依据的就是亲属关系。

然而，无论科技和经济水平如何低下，无论社会习俗和宗教信仰如何不同，每个社会都拥有一套亲属关系术语和区分合法或非法夫妻的婚姻规则。由此我们便有了第一个区分和归类不同社会的办法。

一个共同点

人类学家所偏爱研究的、长期以来我们习惯称之为“原始的”那些社会是什么样子的呢？今天很多人不接受“原始的”这一字眼，无论如何，有必要对其下一个明确的定义。

一些人类社群因为没有文字和机械工具，所以一般会被界定成是与我们不同的，但我们不该忘记最初的一些事实：这些社会是我们了解人类以前的生活方式的唯一一个模型，从人类文明伊始至今的99%的时间段里，人们共同生活在地球上有人居住的3/4的土地上。

这些社会带给我们的意义并不在于它们可能展现了我们遥远过去的某些阶段。更确切地说，它们展现的是一种普遍现象、一个人类状况的共同点。从这个角度来看，东、西方的高等文明才是例外。

事实上，人种学调查的发展使我们越来越相信这些被视为落后的、演进中的“残货”，被丢在边缘地区、注定要消亡的社会构建了独特的社会生活方式。只要不受到外部的威胁，它们便可以很好地生存发展下去。

那么，让我们试着更好地勾勒出它们的轮廓吧。

这些社会由一些几十人到几百人不等的小社群组成，这些小社群之间彼此远离，需要步行好几日才能到达，其人口密度大约为一平方公里内 0.1 个居民。这些社会的人口增长率非常低，明显低于1%，即新出生的人口刚刚能够抵补死去的人数而已。因此，它们的人数变化不大。它们有意无意地运用各种方法来维持人口数量的稳定：分娩后禁欲，为了延缓女人生理节律的恢复而延长哺乳期。惊人的是，在所有这些被观察到的情况中，人口的增长并不会促使社群在新的基础上重组；而是随着人口的增多，社群会分裂开来，形成两个与之前社群大小相同的小型社会。

这些小社群拥有一种天生的能力，可以祛除社群内部的传染性疾病。流行病学者对此给出的解释是：这些疾病的病毒在每个个体中只能存活有限的几天，必须通过不断的传播才能传染至整个社群。只有年出生率达到足够的水平，即几十万人以上的人口基数，才有可能。

还应该说明的是，在复杂的生态环境中，动植物物种是很多样的，就像在某些地方，人们的信仰和习俗只是为了保护自然资源，却被我们错误地认为是迷信。在热带地区，每一个动植物物种在一定的面积单位内只有少量的个体，传染性和寄生性物种也是同样的情况：传染病可以在保持较低临床水平的同时拥有繁多的种类。艾滋病（法文是 SIDA，英文为 AIDS）就是一个现实的例子。这种病毒性疾病，原来只局限在一些热带非洲家庭，在那里，艾滋病可能与土著居民处于平衡状态地共同生活了几千年，但当历史的偶然将其带入到更庞大的社会中时，它却变成了巨大的危险。

至于那些非传染性疾病，它们一般会因为许多原因而消失，比如大量的体育活动和多样的饮食——有上百种甚至更多的动植物物种都是少油脂，同时富含纤维和矿物盐的，能够保证提供足够的蛋白质和热量，因此能避免肥胖症、高血压以及一些血液循环障碍疾病。

我们不必惊讶于此，如果一个法国游客在16世纪去往巴西的印第安部落，他会赞叹这个民族“和我们的构造一样……却从未患过麻风病、瘫痪症、昏睡症、下疳性疾病，也没得过溃疡或是表现在外的其他身体上的毛病”。然而，在发现美洲大陆后的一个世纪或一个半世纪里，在征服者的影响下，墨西哥和秘鲁的人口从一亿跌至四五百万。因为受殖民者的新生活方式的影响，他们患上了一些疾病：天花、麻疹、猩红热、结核、疟疾、流感、流行性腮腺炎、黄热病、霍乱、瘟疫、白喉等。在此我就不一一赘述了。

我们可能错误地估计了这些社会，因为我们对这些社会所知甚少。即使贫穷，它们也具有不可估量的价值。因为在成千上万的曾经存在过的社会中，尚有几百个社会仍继续存在在地球上，这些社会构成了足够多的“现成的经验”——与研究自然科学的同僚们不同，人类学家唯一拥有的就是这些社会，我们无法创造研究目标，并在实验室中进行研究。我们选定与我们最不相同的社会进行研究，从中吸取到的经验使我们获得了研究人类及其集体行为的方法，可以帮助我们试图弄懂人的思想是如何在各种历史和地理的具体环境中发挥作用的。

然而，一直以来，无论在哪里，科学解释都是建立在我们可以称之为合理的简化上的。就这一点来看，人类学乐意承担这项艰巨的任务。正如我刚才所说的，人类学所选择研究的大多数社会，其规模很小，但内部结构却很稳定。

这些异族社会距离观察它们的人类学家是很遥远的。这种距离不仅是地理上的，同样也是精神上和心理上的，它将人类学家与这些社会阻隔开来。这种远离限制了我们的认知。通常我会说，在整个人文社会科学领域中，人类学家的地位可与自然科学领域中的天文学家的地位相比拟。之所以天文学能够从上古时代开始便成为一种科学，是因为在当时尚不存在科学方法的情况下，天体之间的远离让我们采用了一种简化了的视角。

我们所观察的这些现象距离我们极其遥远。遥远，之前我已经说过，首先是地理上的距离，因为不久以前我们还需要数周或数月的时间才能够抵达我们所要研究的地方。此外，遥远，更是一种心理上的距离，因为我们没有清楚地意识到或完全没有意识到要去关注这些微小的细节以及微不足道的现象。我们研究语言，但说这些语言的人却意识不到他们在使用语言规则来表达以及被理解。我们并非更清楚地知道为什么我们会选择某种食物而禁食其他。我们也不知道我们的餐桌礼仪的真正由来和作用。尽管从另一个方面来讲，内在的心理距离拉大了地理距离，但所有这些根植在个体或群体的无意识中的现象就是我们试图要分析或了解的现象。

尽管在当今社会，观察者和目标之间并不存在地理上的距离，但依然有我们不了解的现象。人类学在一些地方重拾权力、恢复职能，在那里，风俗习惯、生活方式以及技术并没有被经济和历史的动荡摧毁，这证明它们足够深入人们的思想和生活，所以才抵抗住了摧毁的力量；在那里，无论是在村庄还是在城区，总之就是口头传说盛行的传统的小圈子，普通人的集体生活——这里的普通人就是日本著名的人类学家柳田国男（Yanagida Kunio，1875 年 7 月 31 日—1962 年 8 月 8 日）[①] 所称的常民（jômin）——主要就是人际往来、家庭关系以及邻里关系。

另外，我觉得在西欧和日本之间观察到的这些共同点是很有代表性的，日本的人类学研究也是 18 世纪开始的。在西欧，大规模的旅行使人们了解到了最不同的文化；而在当时还处于闭关锁国状态中的日本，人类学的研究可能源于国学（Kokugaku）[②]。一个世纪后，柳田国

---

① 柳田国男：是一名日本的妖怪民俗学者，是日本民俗学的奠基人。生于兵库县，东京帝国大学法学部毕业。民俗学家、诗人、思想家。——译者注

② 国学：日本国学是日本江户时代的民间学术，是在锁国中产生的思想，亦称古学与和学。这派代表性人物是荷田春满、贺茂真渊、本居宣长与平田笃胤，号为四大家。重点研究古代日本的文学与神道，排除儒家与佛教影响。——译者注

男所进行的宏伟事业（民俗学田野调查研究）似乎也被纳入到了国学流派中，至少在西方观察者的眼中是这样的。同样是在18世纪，韩国也出现了人类学研究，即实学（silhak），韩国实学主要研究的是当地的乡村生活和民间习俗，而欧洲研究的则是远方的民族。

我们通过搜集大量微不足道的现象——这些现象在很长一段时间内是历史学家们认为不值得被注意的——并用直接的观察来取代文献资料的不足，努力去了解人们记起或想象的他们小社群的过去的生活方式，同样也是现在的生活方式，最终得以建立起独特的资料库，并创建柳田国男所称的“文化学”（bunkagaku），说到底，即人类学。

“真实性”与“不真实性”

谈到这一点，我们可以更好地明白人类学到底是什么，其独创性是什么。

人类学的第一个愿望是达到“客观性”。这种“客观性”对它来说不仅仅是一种可以让实践客观性的人抛开信仰、偏好和成见的客观性。这种客观性是所有社会科学的特征，否则它们也就不能被称为科学了。人类学所追求的客观性更为极端。人类学不仅要高于观察者的社会或社会环境的标准，更要高于其思维方法，即妥当的表达，这不仅是对于一个诚实、客观的观察者来说，也是对于所有可能的观察者而言。所以，人类学家不仅表达出了他们的想法，还创造了新的心理范畴，并引入了时空、对立和矛盾的概念，对于其传统思想来说，这些概念与今天人们在某些自然科学领域中所遇到的概念一样，都是陌生的。同样的问题以某种方式存在于差距甚远的学科中，而这种方式间的联系被伟大的物理学家尼尔斯·玻尔（Niels Bohr，1885 年 10 月 7 日—1962 年 11 月 18 日）[1] 发现。他在 1939 年写道："人类文化间的

---

① 尼尔斯·玻尔：丹麦物理学家。他通过引入量子化条件，提出了玻尔模型来解释氢原子光谱，提出对应原理、互补原理和哥本哈根诠释来解释量子力学，对 20 世纪物理学的发展影响深远。由于"对原子结构以及从原子发射出的辐射的研究"，荣获 1922 年诺贝尔物理学奖。——译者注

传统差异……在很多方面与各种可以描述物理实验结果的等效方式是一样的。”①

人类学的第二个愿望是达到“全体性”。人类学在社会生活中发现了一种系统，这个系统的各个方面都有机地结合在一起。人类学承认，为了加深对某种现象的认识，有必要把一个整体进行分割，就像法学家、经济学家、人口统计学家和政治学家们做的那样。但是，人类学研究的是一般形式，是那些隐藏在最多变的社会生活方式背后的不变的特性。

为了举例阐明这些在你们看来可能过于抽象的论述，我们来看看人类学家是通过怎样的方式来理解日本文化的某些方面的。

的确，不需要作为人类学家也能注意到，日本的细木工匠使用锯子和刨子的方式与西方同行们是不同的。日本的细木工匠反向使用锯子和刨子，不是将工具从身体一侧向外推出，而是从外向自己的方向推进。巴兹尔·霍尔·

① Niels Bohr, *Physique atomique et connaissance humaine*, Paris, Gallimard, «Folio Essais», n°157, 1991, p. 33. ——作者注

张伯伦（Basil Hall Chamberlain，1850 年 10 月 18 日—1935 年 2 月 15 日）[①] 在 19 世纪末就对这个现象产生了强烈的印象。这位东京大学的教授对日本生活和文化有着独到的见解，他同时也是一位杰出的文献学家。他在著作《日本事物志》（*Things Japanese*）中记载了这个现象，同时还记载了许多其他现象，都编归在“Topsy-turvidom”这一标题下，我把它大致翻译成“一切都是颠倒的”，这个标题只是说明一种奇怪的状态，没什么特别的意义。总之，在这个方面，巴兹尔·霍尔·张伯伦并没有超过希罗多德。二十四个世纪以前，希罗多德就注意到了古埃及人与古希腊人的不同，古埃及人做任何事情都是反向的。

日语专家们注意到，当一个日本人要暂时离开的时候，比如去邮局寄信、买报纸或是买香烟，他们通常都会很自然地说一些诸如“我

---

① 巴兹尔·霍尔·张伯伦：英国作家，明治时期驻日本外国参赞，东京大学教授。是 19 世纪末期最早的日本学学者之一。——译者注

走了”（Itte mairimásu）这样的话，对方回答“您走好”（Itte irasshai）。专家们对此感到好奇。同样的情境在西方语言中，说话的重点不在于表达离开的结果，而在于表达再次回来的意愿。

同样的，研究日本古典文学的专家们也会强调说在日本的旅行就像是一次痛苦的经历，他们总想要回国。举个很平常的例子，在欧洲我们说“plonger dans la friture”，即“把东西放进油里炸”（plonger 的意思是使浸入），而日本女厨师的表达却是相反的，她们说“提起”或“抬高”（日语是 ageru，揚げる）。

人类学家不赞同将这些细微的事物视为独立变量和独立特殊性。相反的，令人类学家印象深刻的是这些细微事物所共有的特性。在不同的情况下，日本人的思维方式与我们的是不同的，日本人总是将事物带回到自己一方或是将自己带回到内部。他们不是首先提出“我”作为一个独立的、已知的存在，而总是从外部来表达“我”。因此，日本人的“我”便不像是一个原始的已知数，而是一个我们追求的，却又不确定能达到的结果。如此一来，就像有人跟我说过的那样，笛卡儿的那句众所周知的名言“我思故我在”用日语是绝对翻译不了的，这也就不那么难以理解了。在某些和口头语言一样多变的范畴里，如手工制作技术、烹饪准备工作、思想史（想到日本人给予 uchi[①] 的那么多的词义，还可以加上家庭结构），简单地说是西方精神与日本精神之间的根本差异，更确切地说是一种不变的差异系统显现出来，我们也可以将之概括为向心运动和离心运动之间的对立。这种图解有助于人类学家更好地了解两种文明之间的关系。

最终，对于人类学家来说，对一种完全彻底的客观性的追求只能达到这样的程度，即现象对于个人意识来说只保留一种意义。这正是人类学所追求的客观性和其他社会科学所需要的客观性之间的主要差异。比如，经济学或人口统计学所追求的事实也是比较客观的，但我

① uchi 的意思是房屋、家、内部、家人、亲密的群体，或者在口语中被商务人士用来指公司。——作者注

们并不要求它们对研究对象拥有实际经验，因为诸如价值、经济效益、边缘生产性或极限人口等这些问题没有实际经验可谈。它们只是一些抽象概念，并未涉及个人关系和个体间的实际联系，而个人正是人类学家所关注的社会的标志。

在我们的现代社会，与他人的关系仅仅是以一种偶然的、零散的方式建立在整体经验和主体间相互、实际的感知上的。这些关系大多借助于文字资料间接重建而成。我们不再通过口头传说去了解过去——这需要与人进行实际接触——而是通过书籍和其他馆藏的文献资料来了解。通过这些书籍和文献资料，评论家们竭力去重建其作者的样貌。现在，我们通过各种各样的中介——文字资料或行政机构——与绝大多数的同代人进行沟通，我们的沟通手段大大地丰富了，但交往同时也变得不真实了。这种不真实从今往后便成了市民与权力机构之间的关系特征。

因间接沟通方式增多（如书籍、照片、报刊、广播、电视）而导致的自主权的丧失和内部平衡的松懈成为通信理论家们担心的首要问题。1948年，人们就在大数学家诺伯特·维纳（Norbert Wiener，1894年11月26日—1964年3月18日）[①]（提出控制论）、约翰·冯·诺伊曼（John von Neumann，1903年12月28日—1957年2月8日）[②]，以及信息论的创始人克劳德·香农（Claude Shannon，1916年4月30日—2001年2月24日）[③] 的作品中发现了这些东西。

通过在不同于人类学家的其他基础上进行思考，维纳在其主要著作《控制论：或关于在动物和机器中控制和通信的科学》的最后一章提到："紧密团结在一起的小群体，其内部环境的稳定性程度很高；而无论是在文明国家中文化程度极高的群体内部，还是在原始野蛮人的村庄中，均是如此。"他还指出："所以，且不说构成每个群体的人类要素，那些受到干扰的

---

① 诺伯特·维纳：美国应用数学家，在电子工程方面贡献良多。"控制论"的创始人。——译者注

② 约翰·冯·诺伊曼：出生于匈牙利，20世纪最杰出的美国籍犹太人数学家之一，现代计算机创始人之一。——译者注

③ 克劳德·香农：美国数学家，信息论的创始人。——译者注

大群体，它们所拥有的可以让全部人都理解的信息也要比小群体的少得多。”①

当然，现代社会不全是不真实的。今天，人类学转向研究现代社会，它致力于从中发现并孤立地看待“真实性的程度”。当研究某个村庄或大城市的某个街区时，因为在那里几乎所有人都相互认识，所以能让人类学家们感觉熟悉。人类学家在一个五百人的村庄感觉很舒服，但是大城市，即便是中型城市，给他们的感觉都是难以掌控的。这是为什么呢？原因在于五万人组建社会的方式和五百人的组建方式是不同的。对于第一种情况，即五万人的社会来说，通信并非主要建立在人与人之间，也并不以人际交往的模式而建立。“发送者”和“接收者”（用通信理论家的语言来说）的社会真实性因“电码”和“中继站”的复杂性而消失。

未来，我们可能会认为人类学对于社会科

---

① Norbert Wiener, *Cybernetics. Control and Communication in the Animal and the Machine*, Paris, Librairie Hermann & Cie, pp. 187 – 188；trad. française：Paul Chemla. ——作者注

学最大的理论贡献就是对两种社会生活方式进行了基本区分。这两种社会生活方式分别为：第一种可以说是一种传统和古老的生活方式，但却是真实社会的生活方式；第二种则是新近出现的一些方式，其中也包括第一种类型的生活方式，但这些方式让不完全真实的社群像街区一样出现在原本就不真实的更大的聚集区内。

"按照我的西方观点"

然而，不应该把人类学简单地理解成是人们在很远或很近的地方进行的遗迹研究。首先，重要的不是这些生活方式的仿古性，而是这些生活方式在它们中间所表现出来的差异，或者是它们和我们的生活方式之间的差异。

最早的关于原始民族的习俗和信仰的系统研究能追溯到 1850 年，即从达尔文提出生物进化论的时候开始，在达尔文同时代人的观念里，他们相信社会和文化是不断发展的。后来，在 20 世纪的前二十五年里，"黑人的"或是"原始的"东西才被认为是具有美学价值的。

我们可能因此错误地推断人类学是一门新的科学，源自现代人的好奇心。当我们试图努力展望人类学的前景，并为其在思想史中找一个位置时，人类学看上去却像是一门概述学科、一个终点，这种精神和道德上的姿态几个世纪前就出现了，就是我们通常所说的人文主义。

请允许我表达一下我的西方观点。在欧洲的文艺复兴时期，人们重新发现了希腊、罗马的古代文化，耶稣会传教士使拉丁语成为学校或大学教育的前提条件，这难道不都是人类学的尝试吗？当时人们意识到一种文明如果没有另外一个或多个文明作为对照的话，是不能自诩为一种文明的。为了认识和理解自己的文化，应该学会用另外一种观点来看待它，就像日本伟大的世阿弥（Zeami，约 1363—约 1443）[①] 所说的能乐（Nô）[②] 演员们所采用的那种方式：为了评价自己的演技，必须学会把自己当成是

① 世阿弥：日本室町时代初期的猿乐（现在的能乐）演员与剧作家。——译者注

② 能乐：一种日本古典民族戏剧。——译者注

观众一样来看自己。

确实，当我为 1983 年出版的书找寻名字的时候，为了让读者能够领会人类学思考的双重本质——它一方面在于远观与观察者的文化截然不同的文化；另一方面，对于观察者而言，远观自己的文化，就像远观另外一种不同的文化一样——最终，我从对世阿弥的解读中获得了灵感，选择了“遥远的目光”（*Le Regard éloigné*）这个题目。在日本研究者同僚的帮助下，我简单地将世阿弥的“riken no ken”[①] 翻译成法语，即：演员要把自己当作观众，以观众的视角来看自己的表演。

同样的，文艺复兴时期的思想家们也告诉我们要远观我们的文化，将我们的习俗和信仰与其他时期、其他地方的相比较来看。总之，他们创造了一些方法，我们可以称其为一种改变生活环境的技巧。

---

① riken no ken：離見の見（りけんのけん），出自世阿弥的《花镜》，意思是：舞台上的表演者看不到自己的舞姿，特别是背后的姿态，需要把自己的心眼放在观众席上，即以观众的视角审视自己的表演，这样才可以完成自己完美的舞姿。——译者注

在日本，也是通过同样的方式，以本居宣长［Motoori Norinaga（もとおり のりなが），1730—1801］[①] 为代表的“先天论”学派找到了他们所认为的日本文化和文明的特殊性。他是在带有偏见地了解了中国后才找到了日本文化和文明的特殊性。本居宣长对比两种文化，通过发现中国文化的某些典型特点——“夸张的冗长说教”，如他所说，就是道教对于不容置疑的、专断的肯定的偏好——最终得以定义日本文化的实质：适度、简洁、审慎、节俭、对事物的非永久性和悲伤的感知（“物哀”[②]）、知的相对性，等等。

---

① 本居宣长：日本复古国学的集大成者，提出物哀论。——译者注

② 物哀：mono no aware（もののあわれ），日本江户时代国学大家本居宣长提出的文学理念。这个概念简单地说，就是“真情流露”。人心接触外部世界时，触景生情，感物生情，心为之所动，有所感触，这时候自然涌出的情感，或喜悦、或愤怒、或恐惧、或悲伤、或低回婉转、或思恋憧憬。有这样情感的人，便是懂得“物哀”的人。有点类似中国话里的“真性情”。懂得“物哀”的人，就类似中国话里的“性情中人”了。换言之，“物哀”就是主观接触外界事物时，自然而然或情不自禁地产生的幽深玄静的情感。——译者注

这种看待中国的方式和显示日本文化特殊性的方法，曾启发了歌川国芳［Utagawa Kuniyoshi（うたがわ くによし），1798—1861］[①] 和歌川国贞［Utagawa Kunisada（うたがわ くにさだ），1786—1865］[②] 1830年前后关于中国的版画创作——小说《水浒传》（*Suiko-den*）的插图和《汉书》（*Kanjo*）的战争故事。这些版画都偏爱使用夸张的手法、火焰式风格、极端的巴洛克风格，并着力展示衣着服饰细节的复杂和丰富，与浮世绘（l'ukiyo-e）[③] 的传统手法大相径庭。诚然，这些版画是对古代中国带有偏见的阐释，但却自称是人种志式的阐释。

在本居宣长的时代，日本只对中国和朝鲜有着直接或间接的认识。欧洲亦是如此，古典

---

① 歌川国芳：日本著名浮世绘画家。18世纪的日本文政时期，歌川国芳根据中国古典文学作品《水浒传》中108个梁山好汉的人物性格，生动地描绘出富有个性的典型人物肖像。——译者注

② 歌川国贞：日本江户时期浮世绘画家。——译者注

③ 浮世绘：日本的风俗画，版画。它是日本江户时代（1603—1867，也叫德川幕府时代）兴起的一种具有民族特色的艺术奇葩，是典型的花街柳巷艺术。主要描绘人们日常生活、风景和演剧。——译者注

文化和人类学文化之间的差异在于各自对已知世界大小的认知。

文艺复兴初期，人类世界以地中海盆地为界。至于其他地方，我们只是在猜想它们是否存在。但是，我们已经知道没有任何一个人类种群渴望被了解，除非有其他种群作为参照。

18、19世纪，人文主义随着地理发现的发展而不断扩大影响。中国、印度、日本陆续出现在世界版图上。今天，人类学通过关注那些最后的、还未被很好地了解或是被忽略的文明，让人文主义跨越到了第三个阶段。这或许将是最后一个阶段，因为在此之后，至少在广度上(因为还有另外一种探索，是在深度上，我们还没有完成)，人类关于自身将不再有任何东西可发现。

这个问题还有另外一面。头两个人文主义，先是局限在地中海世界，然后是包括东方和远东在内的世界，它们都发现扩展是有限的，不仅是在面积上，也是在本质上。古代文明已经消失，我们只能通过文本和古迹了解到它们。

至于在东方和远东，我们没有遇到相同的困难，但在那里方法依旧是一样的，因为人们认为如此远离、如此不同的文明只有通过其最精细、精巧的制品才能获得关注。

人类学领域内还包括一些其他类型的文明，它们的存在也带来了不一样的问题。由于没有文字，所以它们无法提供文字资料。因为其科技水平普遍很低，所以这些文明大多数没有留下有形的文物。因此，我们有必要给人文主义增添一些新的研究方法。

人类学家所使用的方法比起前人——哲学家和历史学家，更加外在同时又更加内在（亦可说其研究范围更广、研究更细致）。为了深入了解难以接近的社会，人类学家应该将自己尽量地置身其外（就像体质人类学、史前学和工艺学那样）；同样也要置身其中（就像人种学家那样），与共同生活在一起的社群同一化，并在缺乏其他可提供信息的工具时，重视当地人精神生活的最细微差异。

虽然一直以来受到传统人文主义的影响，

但人类学在各个方面都超越了传统的人文主义。人类学的研究对象是所有有人居住的地方，其研究方法汇集了所有知识类型——人文科学和自然科学——的手段。

三个人文主义相继出现，最终合为一体，它们使人类的认识朝着三个方向发展，其一当然是面积上的，也是最"表面的"，无论是从本义还是转义来看。因为我们渐渐意识到，借助于丰富的调查研究手段，如果人类学必须根据留给它来研究的"残余"社会的特殊性来创造新的认知方式，那么这些认知方式可能会很好地被运用于研究所有社会，其中也包括我们的社会。

而且，传统人文主义不仅在它的研究对象上是有局限的，其受益人也有限——只有特权阶级。

19世纪的异国人文主义也是与工商业利益联系在一起的，工商业利益为其提供了物质基础，保证了它的存在。在文艺复兴时期的贵族阶级人文主义和19世纪的资产阶级人文主义之后，对于地球上的有限世界来说，人类学标志着一种更加万能的人文主义的出现。

人类学在那些长久被轻视的、最微不足道的社会内部寻找启示，宣称一切人文事物皆与人有关。由此，它创立了一种大众的人文主义，这种人文主义胜过那些自特权文明开始后，先于它，并仅为特权阶级创造的人文主义。人类学在运用从所有科学中借鉴来的手段和技术服务于人类认知的同时，也呼吁用一种普遍的人文主义追求人类和自然的和谐。

若我没有理解错你们要我在这几场演讲中阐述的主题的话，那么对于我们来说，问题便是要清楚是否第三种人文主义，即人类学，比先前两种人文主义表现得更有能力找到当下人类所面临的重大问题的解决办法。在三个世纪里，人文主义思想充实并启发了西方人的思考和行为。而今天，我们看到人文主义思想在面对一些问题时，仍然显得无能为力：世界大战导致的全世界范围内的毁坏、大部分地区人民的长期贫困和营养不良、空气污染、水污染、自然资源的破坏……

人类学人文主义能比其他人文主义更好地给出这些令人烦忧的问题的答案吗？

在接下来的演讲中，我将试着给几个重要的问题下定义并确定其范围，我认为人类学可以帮助我们回答这些问题。今天，作为总结，我想指出人类学的一个贡献，谦虚地说，它至少给我们带来了确确实实的好处。人类学带来的好处之一——可能也是其主要的好处——就是启发我们——富有、强大的文明中的每个人——要多一些谦虚，并教会我们一种智慧。人类学家在此是为了证明我们的生活方式和价值标准并不是唯一可行的，其他生活方式和价值体系也可以让某些人类族群找寻到幸福。人类学提请我们要克制虚荣心，尊重其他生活方式，通过了解其他令我们惊讶、不快甚至是反感的习俗而对自己提出疑问，这有点像让-雅克·卢梭当时所用的方法，他更愿意相信当时游人所说的大猩猩是人类，而不是冒险拒绝承认一些生物的人类身份，这些生物可能表现出了人性中未知的一面。

人类学家所研究的社会有着各种各样的规则，因此给我们提出了更值得吸取的教训。刚才我已经说过，我们可能错误地只看到了迷信。这些规则懂得如何在人类和自然环境之间实现一种平衡，而这种平衡，我们却不知道该如何确保。我会花一些时间来说这一点。

一种“最理想的多样性”

19 世纪，法国哲学家奥古斯特·孔德提出人类进化的“三阶段”理论，根据这项理论，人类先后经历了神学和形而上学两个阶段，正在进入第三个阶段，即实证科学阶段。

人类学可能也为我们指出了一种相同类型的进化，尽管每个阶段的内容和含义与孔德所提出的不同。

今天，我们知道那些被称为“原始的”人类，他们不知道农业和畜牧业是什么，只是在进行着最原始的农耕，他们不懂编织，也不会制造陶器，主要依靠打猎、捕鱼和采摘拾取野生果实为生，但他们却并不担心会饿死，也不害怕在恶劣的环境中无法存活。

因为人口数量少，对自然资源又有着惊人的了解，所以他们生活得很富足，虽然我们也不太肯定可以这样说。然而，在对澳大利亚、南美洲、美拉尼西亚和非洲进行仔细研究后，我们发现，参与劳作的人每天工作两到四个小时就足以满足所有家庭的给养，其中还包括暂不能参与食品生产的儿童和不再能参与生产的老人。而我们现代人花费在工厂和办公室的时间与之相比，差距简直太大了！

因此，认为这些民族是盲目地服从于对环境的迫切需要的观点应该是错误的。事实恰好相反，面对环境，他们比耕种者和饲养者拥有更大的自主性。他们有更多的闲暇时间可以用来想象，在他们与外部世界之间放置了类似于缓冲器的东西——信仰、幻想、仪式，总之就是我们现在叫作宗教和艺术的所有活动形式。

从这些方面来看，我们可以姑且认为，人类在数十万年间一直生活在相似的状态中。因此，我们发现随着农业、畜牧业，以及随后的工业化的发展——恕我冒昧地讲一句——人类“控制”现实的能力变得越来越强。从19世纪一直到今天，这种控制一直间接地通过哲学和意识形态观念进行着。

我们现在所处的世界完全不一样了，目前人类突然面临着更加严峻的先决条件。这些决定性因素就是人类为满足其生理和心理需要而拥有的东西：庞大的人口量、越来越有限的土地、纯净的空气和未被污染的水。

从这一点来看，我们可能会问，已经出现了近一个世纪，并还在继续进行着的意识形态大爆炸——依旧影响着第三世界的共产主义、马克思主义和极权制思想，以及最近出现的伊斯兰教的非妥协保守主义——在面对截然不同于过去的生存条件时，是否会产生抵抗反应？

于是，感觉的前提条件与抽象思维之间出现了一种分离，且两者之间的差距越来越大，这些前提条件，除了给我们提供了关于人体状况的有限的基本信息之外，对我们来说已不再具有普遍意义；而我们却着重运用抽象思维来认识和了解世界。没有什么能使我们脱离人类学家研究的这些民族，对于人类学家来说，任何一种颜色、结构、气味、口味都蕴含着某种意义。

这种分离是无法挽回的吗？我们的世界也许将会爆发一场人口灾难或是面临一场会灭绝3/4人类的核战争。那样的话，剩下的1/4人口将要重新寻找与刚才我所说的正处在消亡过程中的这些社会的生存条件差别并不太大的生存条件。

然而，即便排除这些可怕的假设，我们可能也会问，逐渐变得庞大且日益趋同的一些社会必定不会在其内部再产生不同方向上的差异吗？可能存在着一种“最理想的多样性”，无论何时何地，这种“最理想的多样性”都是人类为了能够生存下去而必需的东西。这种最理想状态随着人类社会的多少、大小、地理上的远近以及所拥有的沟通方式而变化。因为多样性的问题不只是文化层面上的问题，在每个社会内部，在组成社会的社群或次社群中，也存在着多样性的问题，如社会等级、阶层、职业场所或宗教派别等。这些社群十分注重它们之间的差异，并扩展着这些差异。当社会在其他方面变得更庞大、更同质时，这种内部的多样化可能也会趋向于增强。

或许因地理上的遥远、所处环境的特殊以及对其他类型社会的无知，人类创造了不同的文化。然而，除了因远离而造成的不同之外，还有因靠近而产生的差异，这一点同样重要，比如：渴望与人形成对照，渴望与人不同，渴望作为自我存在。很多习俗的产生不是由于某种内部的需要或是有利的偶然情况，而是仅仅出于一个愿望，即不想与邻近的社群相似。这个社群原本没有打算给思想或行动范围强加一些规则，却也为其定了明确的标准。

重视和尊重文化间的差异以及每个文化特有的差异是人类学家思维方法的核心。人类学家并不是要拟定出一份方法一览表，当每个社会发觉自身的缺陷与不足时，便可随意从中寻求解决途径。因为适用于每个社会的方法都是不同的。

人类学家只是在提请每个社会不要认为自己的制度、习俗和信仰是唯一可行的。他们奉劝每个社会不要自认为这些制度、习俗和信仰是势所必然的，就因为它们自己觉得好，也不要自认为可以不受惩罚地将其强加给其他价值体系完全不同的社会。

我刚才一直在说人类学最大的愿望就是启发人们和政府一些智慧。一位美国人类学家的亲身经历就是最好的例证。在日本被占领期间，这位美国人类学家担任麦克阿瑟将军的公共事务官。我读过他的一篇采访，在采访中他讲述了鲁思·本尼迪克特（Ruth Benedict，1887—1948）[①] 1946 年出版的著作《菊与刀》

① 鲁思·本尼迪克特：美国当代著名文化人类学家。她的作品中，尤以《文化模式》与《菊与刀》最为著名。——译者注

(*The Chrysanthemum and the Sword*)[①] 是如何使美国当局改变初衷，打消强令日本废除帝国政体的想法的。我很了解鲁思·本尼迪克特，她在写这本书之前从没去过日本；而且据我所知，她此前研究的是完全不同的领域。但她是人类学家，所以我们可以将之归功于人类学的思想、启发和方法，在面对一个遥远的文化，且没有任何经验可以借鉴的情况下，人类学懂得如何深入了解其结构，并使其免于崩塌，这种结构崩塌的后果可能要比战败更加悲惨。

作为第一课，人类学教会我们认识到，当我们将每一种习俗和信仰与自己的相比较时，

---

① 《菊与刀》：作者是美国著名文化人类学家鲁思·本尼迪克特。最初是奉美国政府之命，为分析、研究日本社会和日本民族性所做的调查分析报告，并以此研究成果作为美国政府制定战后对日政策的依据。1946年正式出版，在美国、日本等国家和地区引起强烈反响。这是一本经典畅销书，是公认的研究日本文化的权威著作。不仅为美国制定对日军事政治外交政策提供了理论依据，而且被日本学者称为现代日本学的奠基之作。它既是欧美等西方世界认识日本的必读书，也是所有对日本文化和日本民族行为感兴趣的读者了解日本的入门之作，同时还是社会科学研究直接运用于政治实际操作的杰出例证。——译者注

不管它们在我们看来是如何令人反感或是不合情理，都是一种历经数世纪才实现了内部平衡的某个系统的组成部分，我们无法从这个整体中去除一部分，而不破坏其余部分。即使我们没有从中领受到其他教训，以上这一教训也足以证明人类学正在人文科学和社会科学中发挥着越来越重要的作用。

Ⅱ　当代的三个重要问题：性、经济发展和神话思想

在我的第一场演讲中，我说过我将尝试着给现代人所面临的问题下个定义并确定其范围，而对无文字社会的研究多少可以给出一些答案。为此，我需要从三个方面来考虑这些社会：它们的家庭和社会结构、经济生活以及宗教思想。

当我全面地观察人类学家所研究的这些社会共有的特征时，我发现一个事实，就是这些社会比现代社会更系统地倚靠亲

族关系，正如之前我简要提过的那样。

首先，这些社会利用亲族关系和姻亲关系来确定一个人是否属于该社群。它们中有很多拒绝承认外来人口的人类身份。一旦人类确定了自己社群的地域，便会给予内部成员更高的身份认证来巩固社群，因为他们认为社群成员不仅是唯一的人类，还是唯一真实、优秀的人类。他们不仅是同胞，更是事实上或法律上的亲戚。

其次，这些社会把亲族关系和亲族观念看作是先于并外在于生物关系的，比如通过血缘认定的亲子关系，而我们现在却力求用生物关系来确定亲族关系。生物关系为我们提供了构建亲族关系的模式，而亲族关系却给思想限制了一个逻辑分类范围。这个范围一旦被构建，便可以按照预定的类别对个人进行分类，确定其在家庭和社会内部的位置。

最后，这些关系和观念渗透到了生活和社会活动的各个领域。假设或推断这些关系和观念是真实的，它们即意味着各种亲戚的明确而不同的权利和义务。通常，我们还可以说在这些社会中，亲族关系和姻亲关系是特别用来解释所有社会关系（经济的、政治的、宗教的，等等）的一种普通语言，而非仅用来解释家庭关系。

生育者、子宫出借者和社会亲子关系

人类社会的第一个需求便是繁殖，即延续。任何社会都应该有一个亲子关系认定标准，以确定每一个新成员对社群的从属关系；有一个亲族关系系统，以确定区分血缘亲属或姻亲亲属的方式；有一些规则来规定婚姻的方式，同时明确能否结婚的对象；而且还要有医治不育症的办法。

然而，自从西方社会找到了辅助生殖或人工辅助生殖的办法，医治不育症就一直是个尖锐的问题。我不知道日本的情况如何。但在欧洲国家、美国和澳大利亚，这个问题一直困扰着人们，这些国家甚至正式成立委员会来讨论这个问题。议会会议、报刊和公众舆论也广泛地响应此问题的讨论。

问题到底是什么？一对夫妻，其中一人不育或两人都是不育的，今后可能——或者对于某些方法来说，即将成为可能——通过各种办法来生育孩子，比如人工授精、卵子捐献、借胎怀孕、胚胎冷冻以及用丈夫或另一个男人的精子与妻子或另一个女人的卵子进行的体外受精。

通过这些办法生出的孩子，根据不同的情况，可能会有一个父亲和一个母亲（正常情况下）、一个母亲和两个父亲、两个母亲和一个父亲、两个母亲和两个父亲、三个母亲和一个父亲，甚至是三个母亲和两个父亲——此时，精子提供者不是父亲本人，而三个母亲中，一个提供卵子，一个出借子宫，第三个则是孩子法律上的母亲。

这还不是全部，因为还会有这样的情况：女人要求用已故丈夫的冷冻精子进行人工授精，或是两名同性恋女人想要共同拥有一个孩子，方法是用其中一个人的卵子和一个匿名提供者的精子进行人工授精，然后立即植入到另一个人的子宫内。我们也不明白为什么曾祖父的冷冻精子在一个世纪后不能被用来受孕曾孙女；那样的话，生下来的孩子将是其母亲的叔祖、自己曾祖父的兄弟。

如此，便出现了两个方面的问题：一个是法律上的问题，另一个则是心理和伦理上的问题。

关于第一点，欧洲国家的法律是自相矛盾的。在英国的法律中，即使作为法律上的假定，社会亲子关系也是不存在的，精子捐赠者可以合法地追还孩子或有责任抚养孩子。在法国，情况却恰恰相反，《拿破仑法典》坚持遵循一句古老的格言："Pater is est quem nuptiae demonstrant."（拉丁语："婚姻指出父亲。"）即认定母亲的丈夫就是孩子合法的父亲。但是，法国的法律自身也是矛盾的，因为 1972 年的法律是允许孩子寻找生父的。社会关系和生物学关系，二者孰轻孰重，我们不再能够说清楚。

在现代社会，事实是，基于生物学联系认定亲子关系有压倒基于社会联系认定亲子关系的趋势。但是，怎样解决辅助生殖所带来的问题呢？确切地说，在辅助生殖的情况下，法律上的父亲不再是生育孩子的人，而社会和伦理意义上的母亲，并没有提供自己的卵子，可能也没有提供子宫来怀孕。

此外，区分开来的社会父母和生物学父母各自的权利和义务又将是什么呢？如果子宫出借者生出的是一个发育不好的婴儿，委托父母拒绝接受这个婴儿的话，到底该怎样裁定？或者反过来，如果利用丈夫的精子受孕的代孕妇女改变主意，打算把孩子留下自己抚养，又该怎样解决呢？

最终，无论是哪种做法，只要是可行的，就可以自由地被使用吗？或者，法律就该允许某些做法而禁止其他做法吗？在英国，沃诺克（Warnock）委员会（以该委员会的主席命名）基于遗传母子关系、生理母子关系和社会母子关系三者的区别，建议禁止代孕，并认为在这三种关系中，正是生理母子关系建立了母亲与孩子之间最密切的联系。虽然在法国，公众舆论已经在很大程度上接受了借助辅助生殖的办法来解决已婚夫妇不育的问题，但在面对某些情况时，依然是犹豫不决的，例如：一对同居情侣想要孩子时，以及女人希望用已故丈夫的冷冻精子受孕时。而当涉及一对夫妇想在妻子绝经后要一个孩子、一名单身妇女或是一对同性恋夫妇想要孩子的问题时，法国的舆论则表现出了明显的消极态度。

从心理学和伦理道德的角度来看，似乎主要是信息公开与否的问题。捐精或捐卵、代孕都应该是匿名的吗？还是社会父母和孩子在需要时可以知道参与者的身份？瑞典对此是完全公开的，英国也有同样的趋势，而法国的公众舆论和法律规定是相悖的。然而，即使是允许信息公开的国家，也仍然和其他国家一样，认为要将生殖与性欲区分开来。举个最简单的例子——捐精，公众只接受它发生在实验室里，并由医生来操作，因为人工方法可以排除捐赠者和接受者之间的任何个人联系以及情感和性欲的共鸣。然而，无论是对精子捐献还是对卵子捐献来说，匿名所带来的担忧似乎与普遍反应相反，即便在当今社会，虽然人们不会说出来，但人们会认为这种服务更经常地是以“家庭”的方式进行的。举个例子来看，巴尔扎克有一本未完成的小说，1843 年开始撰写，当时法国的社会偏见比今天要大得多。巴尔扎克给它起了个意味深长的名字，叫做《小资产者》。这本纪实性小说讲述的是两对夫妇朋友，一对是有生育能力的，另一对则不育。他们商量后决定让有生育能力的女人和不孕女人的丈夫一起生育一个孩子。两家人住在一起，生出的女孩受到两个家庭一样的疼爱，而且他们身边所有人都知道此事。

正是这些因生物学的进步而成为可能的辅助生殖的新技术扰乱了现代人的思想。在维持社会秩序方面，面对这些新情况，我们的法律观念、精神和哲学信仰显得无能为力，找不到应对的办法。怎样确定不再一致的生物学亲子关系和社会亲子关系之间的联系呢？生殖与性欲的分离所带来的道德和社会后果又会是什么呢？该不该承认个人单身生育的权利？孩子有没有权利知晓生育者的种族和遗传健康的基本情况？我们可以在怎样的范围内，把大多数宗教视为神圣不可侵犯的生物学规律违反到何种程度呢？

人工生殖：处女和同性恋夫妇

对于所有这些问题，人类学家有很多话要说，因为他们所研究的社会给它们自己提出了这些问题，同时也找到了解决办法。当然，这些社会并不了解体外受精、卵子或胚胎提取、移植和冷冻这样的现代技术。但至少从法律和心理的角度来看，它们想出并使用了等效的办法。下面我给大家举几个例子。

在非洲，存在着和捐精差不多的办法。在布基纳法索（Burkina Faso）[①] 的萨摩人族群中（我的同事 Françoise Héritier-Augé 主要研究这

① 布基纳法索：西非内陆国家，整个国境皆位于撒哈拉沙漠南缘。旧称上沃尔特（法语：Haute Volta），1984 年 8 月改为现国名。布基纳法索为全球识字率最低的国家，只有约两成三的国民识字。它是世界上十个最不发达国家（低度开发国家）之一。——译者注

个民族，她在法兰西公学院继任我的教席），女孩们年纪很小就结婚，在和丈夫一起生活之前，得有一个她们自己选择并公开承认的情夫，与之在一起最多三年。她们给丈夫带去和情夫生下的第一个孩子，这个孩子被视为合法婚姻的头生儿。而男人，可以拥有多个合法妻子，即使妻子们离开了他，他也是她们以后生育的所有孩子的合法父亲。在其他非洲部落中，丈夫同样也对后来出生的所有孩子拥有一种权利，这个权利只需在每个孩子出生之后通过产后第一次性关系便可重建。这种性关系决定哪个男人将是下一个孩子的合法父亲。一个已婚男人，如果妻子不能生育，那么他便可以花钱与一个有生育能力的女人在一起，以便这个女人能选定自己。在这种情况下，合法丈夫是人工授精的提供者，女人把肚子出借给另一个男人，或者一对没有孩子的夫妇。在法国，子宫出借是应该免费还是可以得到报酬这个棘手的问题没有出现。

1938 年，我去到巴西的图比·卡瓦希布

(Tupi-Kawahib)印第安部落,在那里,男人可以同时或者先后娶几姐妹,或一位母亲和她之前结婚所生的女儿。这些女人共同抚养她们的孩子,在我看来,她们几乎不关心所抚养的孩子是自己的还是丈夫另外一个妻子的。在中国西藏,情况恰好相反,几兄弟娶同一个女人。所有孩子都归长兄,叫长兄"爸爸",叫其余的丈夫叔叔。在这种情况下,个人的父亲或母亲身份是未知的,或者说是人们不予重视的。

让我们再回到非洲,苏丹的努尔人(les Nuer)把不能生育的女人当男人一样对待。她们以"叔父"的身份接受侄女们结婚时收到的相当于"聘礼"(英文是 bride price)的牲畜,并用这些牲畜来买一个妻子,让她和某个男人(经常是陌生人)配对给她们生儿育女,而且会给这个男人酬报。在尼日利亚的约鲁巴人(les Yoruba)部落,富有的女人也可以买到妻子,并让她们和某个男人一起生活。当孩子出生后,富有的女人,即合法的"丈夫",会要回孩子,如果真正的生育者想要照管孩子,那么必须付给她一大笔钱。

在所有这些情况中，由两个女人组成的夫妇（书面语叫做同性恋夫妇）使用人工辅助生殖的办法生孩子，其中一个女人是孩子的合法“父亲”，另一个则是生物学上的母亲。

无文字社会同样也使用着与死后（post mortem）受精等同的方法，法国的法院是禁止此举的。而在英国，沃诺克委员会建议实施一项法律，排除任何在丈夫死亡时未在母亲子宫内形成胚胎的孩子对父亲的继承。然而，几千年来证实了的一个制度（这个制度一直存在于古希伯来人族群中）——娶寡嫂制，允许甚至有时是强令弟弟代替已亡哥哥进行生育。在我刚刚提到过的苏丹努尔人部落中，如果男人未婚死亡或死后无子嗣，某个近亲可以用死者的牲畜来给他买一个妻子。这种“有名无实的婚姻”，正如努尔人所说，允许她以已故者的名义生育，因为已故者已经提供了结婚彩礼，亲子关系便成立。

在我举出的所有例子中，尽管孩子的家庭

和社会身份根据合法父亲来确定（即使合法父亲是女人），但这个孩子并不因此不了解生身父亲的身份，情感联系将他们紧紧结合在一起。与我们担心的情况截然相反，信息公开不会使孩子因其生物学父亲和社会父亲是不同的两个人而产生心理冲突。

用已故丈夫，或从理论上讲，甚至是用遥远祖先的冷冻精子进行的人工授精使我们产生畏惧，然而这些社会对此却并不担忧，因为它们中有很多社会把孩子看作是祖先的转世，是祖先选择用这个孩子再生。万一替代已故者的兄弟没有为自己生育孩子，努尔人的“有名无实的婚姻”还允许额外一种情况。以已故者的名义所生的儿子（其生物学父亲把他当作侄子）将可以给自己的生物学父亲提供同样的帮助。这时生育者是其合法父亲的兄弟，那么他所生育的孩子将合法地成为他的堂兄弟。

现代技术的背后都有这些方法的影子。所以我们注意到令我们如此困惑的生物学生育和社会亲子关系之间的矛盾在人类学家所研究的社会中是不存在的。这些社会毫不犹豫地将社会性放在首位，而二者在社群的意识形态中或在个人的思想中也并不相互冲突。

我之所以强调这些问题，是因为在我看来，它们很好地证明了现代社会可以期待人类学研究发挥何种作用。人类学家并不是建议现代人接受这样或那样的异国人民的思想和习惯。我们的贡献要微小得多，主要表现在两个方面。

首先，人类学揭示了被我们视为“理所当然的”、正常的东西归根结底就是我们的文化所特有的约束和心理习惯。人类学帮助我们扔掉偏执，让我们明白其他社会如何以及为什么能够把在我们看来不可思议甚至不能容忍的习俗看成是简单和不言而喻的。

其次，人类学家搜集记录下来的现象代表着非常广泛的人类经验，因为这些现象来自数千个社会，它们在几个世纪或几千年间，在所有有人居住的土地上相继产生。人类学的研究有助于从人性中得出我们视为“普遍概念”的东西，可以启发人们想象依然变化不定的演进将会在何种范围内发展，然而人们或许错误地事先认定这些演进偏了向或是异常的。

目前关于人工辅助生殖的激烈争论在于是否应该制定法律，针对什么以及在何种意义上制定法律。在很多国家政府设立的委员会和其他组织中，有人民代表、法学家、医生、社会学家，偶尔还有人类学家。但显而易见的是，无论在什么地方，人类学家的意见都是一样的，他们反对过于着急地立法、允许这个而禁止那个。

对于那些毫无耐心的法学家和伦理学家，人类学家慷慨地给予宽容和谨慎的建议。他们强调在其他社会也有同样的事，哪怕是那些最让舆论反感的做法和期望——为处女、单身者、寡妇或同性夫妇进行人工辅助生殖，而这些社会并没有因此变得更糟。

人类学家希望人们任其自流，相信每个社会的内部逻辑可以在其内部创造出可维持下去的家庭和社会结构，或者也能够从中剔除那些将会产生矛盾的家庭和社会结构，但唯有实行之后，才能证明矛盾是无法克服的。

从史前史的燧石到现代工业生产线

下面进入到第二个问题——经济生活。

在这个领域，人类学研究的意义同样在于为我们揭示截然不同于我们的模式，促使我们对自己的模式进行思考，甚至还要对它提出疑问。

近年间，介于人类学和经济科学之间的争论持续激烈——经济科学的重要法则是适用于所有社会，还是仅仅适用于那些和我们一样运行在市场经济体制下的社会？

在远古社会、近代或当代农业社会，以及人类学家所研究的社会中，往往最不可能把经济问题与其他问题分开考虑。我们不能把这些社会进行的经济活动简单归结成一项推理计算，计算的唯一目的就是最大限度地追求利益、减少损耗。在这些社会中，工作不仅可以获得利益——或许尤其应该说——还可以赢得声誉，为群体利益做出一份贡献。一些在我们看来可能具有纯经济性质的行为，同时也涉及了科技、文化、社会以及宗教方面的问题。

从很小的程度上来讲，我们现在的情况不也是如此吗？如果市场经济体制下的社会的所有活动都按照经济规律进行的话，那么经济科学将是一门真正的科学，可以预测那些并非显而易见的情况，并使其发挥作用。在这一点上，我们可以得到证实——即使在一些我们看来是纯经济性质的行为中，也有其他因素在起着作用并发现了经济科学的错漏。但这些因素对我们来说依然被遮掩在所谓的合理性帷幕后面，而对于不同社会的研究有助于我们发现这些因素，因为这些不同的社会更加重视这些因素。

那么，它们到底要向我们揭示什么呢？首先，令我们难以置信的是它们拥有解决生产问题的惊人能力。在遥远的史前史时期，人类就知道大规模地从事工业活动了。在后来成为法国、比利时、荷兰、英国的土地上，到处都是为了采掘燧石而挖造的矿井，大量工人在那里分组劳作着。燧石颗粒被运到与现代工业生产线一样专业的工场。一些工场对原材料进行粗加工，一些工场切割碎片，还有一些工场加工半成品使之成型：煤镐、锤子、斧头等。这些矿石工业中心向方圆数百公里内输出产品，这必须以一个强大的商业组织机构为条件。

人类学可以提供同类情况。关于一个问题我们思考了很久：建造墨西哥和中美洲玛雅城市及建筑的大量人口如何就地生活？又是怎样从现代玛雅农民所从事的那种分散式的小家庭农业中获得给养的？

借助于航空和卫星拍摄，我们不久前得知在玛雅国家以及很多南美地区，如委内瑞拉、哥伦比亚、玻利维亚，有着非常完善的农业系统。其中，哥伦比亚的农业系统可以追溯到从公元初期一直到 7 世纪。这一时期末，这种农业系统扩展到 20 万公顷的土地上，这些土地有可能被洪水淹没，于是人们挖造了上千条水道进行排水，并在这些水道之间人为加高的斜坡上耕种土地，同时在水道内还能捕鱼。这种集约型农业能够养活每平方公里内的一千多居民。

然而人类学却提出了一种反论。因为除了这些伟大的成就——它们体现了一种按我们的话说叫作生产本位主义的思想——还有其他负面的东西。同样是这些民族，还有其他民族，他们都懂得通过一些消极手段来限制生产率。在非洲、澳大利亚、波利尼西亚和美洲，首领、专门的教士或为此组成的治安队，拥有绝对的权力来决定打猎、捕鱼以及野生产品的收集时间和期限。他们对每个动植物物种的超自然“支配者”的普遍信仰有助于减少对自然过分索取的行为，因为他们相信这些“支配者”会惩罚此种行为。同样，各种各样的礼仪规定和禁忌使打猎、捕鱼或采摘成为严肃的、后果严重的活动，要求从事的人行为审慎、周到。

在不同的领域、不同的方面，人类社会对于经济采取的是不一样的态度。经济活动模式不止一种，而是有很多。人类学家所研究的生产方式——采摘和拾取、打猎和收集、园艺、农业、手工业等——也有很多不同的类型。其实很难像我们曾经相信能够做到的那样，把它们简化为唯一一种模式的各个发展阶段，而当这唯一的模式最终达到最先进的阶段时，我们便把它确定为自己的模式。

没有什么比当前关于农业的起源、作用以及影响的讨论更能证明这个问题的了。从很多方面来看，农业体现出了一种进步——在一定的地点和时间内，它提供了更多的食物；它使人口增长更快、人口密度更大，使社会数量更多、规模更庞大。

然而，在其他方面，农业则是一种倒退。正如我在第一场演讲中所说的，农业破坏了饮食制度，从此都是一些高热量却又相对缺乏营养成分的食物。农业的产量也得不到保证，因为只要收成不好，就会发生食物短缺。农业同时还需要辛苦地耕作，甚至可能要对传染病的传播负有责任，回想在非洲，农业的普及与疟疾的传播在空间和时间上就惊人地巧合在了一起。

关于经济，人类学给我们的第一个教训就是：不是仅存在唯一的一种经济活动形式，而是有很多；我们无法按照统一标准对其进行归类。它们更像是从众多可行的解决办法中被挑选出来的，每一种形式都有优点，同时也有缺陷。

从这个角度来考虑问题似乎有些困难，因为在观察所谓落后的、不发达的社会时——比如那些我们与之在 19 世纪建立起联系时仿佛才突然出现的社会——我们忽视了一个明显的事实：这些社会只是我们直接或间接引起的混乱留下来的遗存痕迹。因为正是 16 世纪至 19 世纪间对异国地区及其人民的贪婪剥削使西方世界获得了蓬勃发展。所谓的落后社会与工业文明之间的奇特关系是这种工业文明在这些不发达社会身上看到了自己的影响，但并不承认这种影响是消极的。

表面上的简单和被动并不是这些社会的本征。这些特征更确切地说是我们的初期发展所带来的结果，在把我们的发展从外部强加到这些已经遭到破坏的社会之前，应该让这些社会在自身残存的基础上发展起来并不断壮大。

在谋求解决落后国家的工业化问题时，工业

文明首先会在那里看到一种走了样的景象——数世纪间它为了生存而不得不进行的破坏。当地居民对白人带来的一些疾病毫无免疫性，这些疾病使一些社会完全在地图上消失。即便是在最偏远的地区——我们可以想象在那里还存留着一些未被破坏的社会，但在严格意义上的接触发生之前的数十年，致病菌就已经开始蔓延，且传播速度惊人。

关于原材料和技术，我们可以说的也很多。在澳大利亚，铁斧的传入在使劳作和经济活动变得更加简单和容易的同时，也导致了其传统文化的没落。出于一些我们根本无法详细了解的复杂原因，金属工具的使用导致了与石斧的使用和传播紧密联系在一起的经济、社会和宗教制度的崩塌。然而，即使是损坏了的工具，甚至有时是一些碎片，铁器仍然通过战争、婚礼和商业贸易的途径，比人类走得更快，亦更远。

“自然”的矛盾性

在确定了期间出现过文化中断现象的历史

时间范围后，我们可以较为肯定地试着得出这些社会经常反抗发展的根本原因。首先，比起内部矛盾，大部分的所谓落后社会更加偏好团结一致；其次，它们敬畏自然的力量；最后，它们反感被卷入到历史的演变中。

人们常常以这些社会中的某些社会的非竞争性来解释它们对于发展和工业化的反抗。然而，不要忘了我们所指责的这些社会的被动和漠然可能正是接触所带来的创伤的结果，并非是它们最初的状态。而且，在我们看来似乎是缺点、不足的东西，可能正是审视人与人之间、人与世界之间的关系的一种独特方式。一个例子便可以让我们理解。当新几内亚岛上的人们从传教士那里学会踢足球时，他们热情地接受了这项游戏。但他们并不以战胜对方为目的，他们不断增加比赛场次一直到每支队伍的胜负一致。与我们的比赛不同，他们的比赛不是以一方的胜利作为结束，而是当他们确信不会有败者的时候才结束。

在其他社会观察到的现象似乎是相反的，

但相同的是它们都排斥真正的比赛观念。就好像传统的比赛在分别代表着活人和死人的两支队伍之间进行，那么必然是活人队会获得最终的胜利。

总之，令人印象深刻的是，几乎所有所谓的原始社会都不接受少数服从多数的投票观念。它们认为社群内部的社会团结和融洽是比任何革新都好的。所以只要是必要的、有争议的问题都会被反复商讨，为了最终获得全体一致的决定。偶尔，讨论前会有模拟的争吵。当争吵过后的社群在其内部实现了一种不可或缺的一致的条件时，人们便会结束争吵，转为投票。

很多社会对于自然与文化之间的关系的看法同样也说明了这些社会是抵制发展的。因为发展意味着我们要将文化置于自然之上，而给予文化的这种优先权几乎从未以这种形式被接受——除了被工业文明接受。也许每个社会都承认这两个领域是有区别的。

没有一个社会不承认文明的技术所拥有的巨大价值，无论这个社会是如何的微不足道。

人与动物的区别正在于人类懂得这些技术：食物烹煮、制陶、织造。然而，对于所谓的原始人类来说，自然的概念一直都有一种矛盾性：自然既优于文化又次于文化。它为人类提供了场所，人类希望在那里与祖先和神明交流。自然的概念中还包含着“超自然”的部分，而这种超自然既高于文化又高于自然本身。

所以，每当涉及实质，即人类与超自然世界的关系时，技术和制成品在土著人的思想中就会被贬得一文不值，我们对此不应该感到惊讶。无论是在古希腊罗马文化中，还是在古代东方和远东的文化中，无论是在欧洲民间传统中，还是在现代土著社会中，我们都会发现许多这样的情况：禁止在任何仪式中使用当地制造的或引进的物品，只允许使用未经加工的自然物或是古老的工具。就像伊斯兰教禁止有息借贷一样，物品的使用，无论是钱财还是其他器具，都应该保留其原始的纯粹性。

这同样也可以解释它们对不动产交易的抵触。北美洲和澳大利亚的大量土著居民之所以在很长一段时间内拒绝——在某些情况下，现在仍然拒绝——出让领地以换取往往数额巨大的补偿，据当事人说，是因为他们把祖先的土地视为“母亲”。生活在北美洲五大湖区域的梅诺米尼人（北美印第安人部落，曾生活在密歇根湖和大湖之间），他们的情况更能证明这一点。尽管非常了解他们的邻居易洛魁人的农业技术，但梅诺米尼人依然拒绝在野生稻谷——他们的主要食物，极易种植——的生产中使用这些技术，因为对他们来说，禁止“破坏被视为母亲的土地”。

男女分工往往就是基于自然与文化之间的这种对立。当我们对比不同的社会时，无论其规则如何不同，其中都包含有恒定不变的要素，我们可以用不同的方式来理解它们，而唯有这些要素的使用范围是不一样的。在很多社会中，人们认为“自然与文化”的对立和“男人与女人”的对立是一样的。这些社会给女人安排的活动形式是可以使她们直接接触到自然的，如家庭园艺，或是能使工匠直接与材料接触的活动形式，如手制陶器；而当相同的工作是借助于工具或机器来完成时，则由男人来承担，他们所使用的工具或机器的制造技术已达到一定的复杂程度，根据社会的不同，复杂程度也有所不同。

“我们的社会生来就是为了改变”

从这种双重角度出发，我们意识到谈论“无历史的民族”是多么没有意义。被我们称作原始的社会和其他所有社会一样也拥有历史，但与我们的不同，它们不接受历史这个东西，并力图在其内部扼杀所有可能形成一种历史演变的雏形。而我们的社会生来就是为了改变，这是其组构和运转的原动力。所谓的原始社会之所以在我们看来是没有历史的，根本原因是在其成员看来，他们的社会是可以延续下去的。这些社会的对外开放程度很低，在法语中，我们把它叫做“狭隘的乡土观念”(l'esprit de clocher)，就是这种“狭隘的乡土观念”支配着它们。而相反的，它们的内部社会结构相比具有复杂文明的社会结构，构造更紧密，内容更丰富。因此，技术和经济水平十分低下的社会也能感受到一种幸福和满足感，因为它们每一个社会都认为自己给自己的成员提供了唯一值得过的生活。

三十多年前，我用一张引发诸多非议的图片阐明过所谓的原始社会和我们的社会之间的差异。之所以会引发诸多非议，我觉得是因为人们错误地理解了这幅图。我把社会比作机器，我们都知道机器有两种：一种是机械能机器，另外一种是热能机器。

机械能机器需要首先给它提供能量。如果这些机器制造得非常完美，没有摩擦和发热的情况，那么理论上它们应该可以无限地运行下去。热能机器则相反，比如蒸汽机，它们利用锅炉和冷凝器之间的温度差来运行。热能机器产生的功要比其他机器多得多，但同时也消耗能量，并逐渐将之耗尽。

所以我说人类学家所研究的社会，与我们更为庞大和复杂的现代社会相比，有点像“冷”

社会——就“热”社会而言，二者好比是时钟与蒸汽机。这些社会几乎不会出现混乱——物理学家所说的“熵”（de l’entropie）[①] ——它们力求永久地保持原状（或是它们想象中的一种初始状态）。这就解释了为什么从外部来看，它们是没有历史、没有发展的。

我们的社会不仅大量使用热能机器，而且从其内部结构来看，就像是台蒸汽机。它们中间应该也存在着类似于蒸汽机的热源与冷却装置之间的那种对抗关系。我们的社会靠“电位差”——即社会等级制度——来运转，随着历史的演变，曾出现过奴隶制、农奴制、阶级划分等。这样的社会在其内部创造并维持着一定的失衡状态，它们以此来建立更多的序（de

---

① 熵：该概念由德国物理学家克劳修斯于 1865 年提出。化学及热力学中所指的熵，是一种测量在动力学方面不能做功的能量的总数。熵亦被用于计算一个系统中的失序现象，也就是计算该系统混乱的程度。熵是一个描述系统状态的函数，但是经常用熵的参考值和变化量进行分析比较，它在控制论、概率论、数论、天体物理、生命科学等领域都有重要应用，在不同的学科中也有引申出的更为具体的定义，是各领域十分重要的参量。——译者注

l'ordre）——工业文明，同时在人与人之间的关系方面，又产生了更多的熵（失序现象）。

因此，人类学家所研究的社会可以被视作低熵的系统，它们接近“历史绝对零度”运转。这就是我们说这些社会“没有历史”的原因。而像我们这样“有历史”的社会则经受着更大的内部温度差，这种温度差是由经济和社会的不平等造成的。

当然，任何社会都有两面性。正如中国哲学中的“阴”和“阳”：二者相生相克，阳中有阴，阴中有阳。社会既是机器，又是这台机器产生的功。作为蒸汽机，它产生熵；而作为发动机，它又产生序。这两个方面（有序和无序）与我们可以用来审视某种文明的两种方式（文化和社会）相对应。

文化建立在特定文明下人与世界之间的关系上，而社会则尤其建立在人与人之间的关系上。

文化产生序：我们耕种土地、建造房屋、生产手工制品。相反，我们的社会产生出很多熵。它们在社会矛盾、政治斗争，以及在个人身上造成的精神紧张中，浪费气力直至衰竭。它们最初所依赖的价值观在不可避免地失去影响。几乎可以说我们的社会的构架正在逐渐崩塌，一步步地走向自我毁灭，并使构成社会的个人沦为可互换的、毫无个性的微小的存在。

我们称为“原始的”或无文字的那些民族的文化几乎不产生序，所以我们把它们看作落后的民族。但反过来，它们在其社会中也产生极少的熵。所以大体上来看，这些社会是平均主义、机械型社会，受到我刚才说过的全体一致性规则支配。

相反，文明人或所谓的文明人在其文化中建立很多序，正如机械化和大量的科学应用所证明的那样，但他们也在其社会中产生了一样多的熵。

最理想的状态应该是第三种，即一直在文化中建立更多的序，并不以社会中的熵的增多为代价。换句话说，正如圣西门伯爵于 19 世纪初在法国所主张的，知道如何“由对人的统治变为对物的管理”（du gouvernement des hommes à l'administration des choses）[1]。在提出这个设想的同时，圣西门还预言出文化和社会之间的人类学差别，以及现在发生在我们眼前的由电子技术的进步所带来的革命。这第三种状态也许会让我们隐约地看到，有一天，可能一种文明——它从前开创了一段历史，把人变成了机器——会变得更加智慧，可以使机器变成人，就像我们已经开始使用机器人来完成某些工作那样。那么，当文化完全承担起制造进步的责任时，社会将从千年的诅咒中解脱出来：以前为了获得进步，社会不得不控制人；从今往后，历史是历史，而社会，置身于历史之外，并超越历史，它可能会重新拥有这种透明度和内部平衡，保存最完整的所谓的原始社会证明了它与人类的境遇并不是对立的。

---

① “由对人的统治变为对物的管理”：在圣西门的理想社会理论中，他对国家的理解与他人有着不同的认识——社会权力将由对人的统治变为对物的管理和对生产过程的指导，即废除国家的思想。——译者注

按照这个即便有些不现实的观点来看，人类学也许找到了最有力的证据，因为它所研究的生活和思维方式或许不再仅仅只有历史和比较的意义，对于我们来说，这些生活和思维方式使人类拥有了能够更好地存在下去的机会，人类学的观察和分析以捍卫这个机会为使命。

我刚刚对两种类型的社会进行了比较，通过比较，我们也获得了一些更为直接、更具实际意义的教训。

从中可以得出第一个结论：被现代工业家和金融家视为古老的残余、发展的阻碍的经济活动形式是值得我们尊重和重视的。

今天，人们致力于组建基因库，在基因库中保存着数千年来由与我们截然不同的生产方式创造出来的原始植物物种。人们希望能够以此来暂时缓解农业危机。现在的农业被缩减得只剩下少量要靠化肥来获得高产的品种，且越来越易感染疾病。

难道我们不应该再进一步？难道我们不应该不仅保存这些古老生产方式的“成果”，而且坚信这些不可替代的“技术诀窍”(英文是know-how）——正是因为这些“技术诀窍”，才获得了这些成果——有一天会消失，但仍然有回来的希望吗?

我们可能还会想是否未来的经济不要求我们在生产的过程中保护或恢复心理、社会和道德因素。工业社会学的专家们指出了主、客观生产力之间的矛盾：客观生产力要求职务的细分化和贫瘠化，它使工作积极性下降、生产者与产品远离；而主观生产力允许劳动者表现自己的个性和创造的欲望。我只举一个例子，社会规则迫使美拉尼西亚人以炫耀为目的养活姐妹一家，或通过自家园子里薯蓣的大小来力图证明他们与农业之神的良好关系，他们同时还要操心技术、文化、社会和宗教等各个方面的问题。

万一经济学家们忘了的话，人类学可以提醒他们的是人类并非只是纯粹地追求一直生产更多的东西。他们同样力求在工作中满足最根本的渴望：作为个人充分发挥自己的才干、在东西上刻印自己的标志、通过工作将主观性客观地表达出来。

正是在所有这些方面，所谓的原始社会的例证可以使我们受到教育。它们以一些原则为基础，就能将生产出来的财富转变为道德和社会价值：在工作中的自我实现、他人的尊重、道德和社会声誉、人类与自然世界以及超自然世界之间的和谐。人类学调查有助于我们更好地理解实现人性各个方面的和谐的必要性。无论在哪里，只要工业文明有破坏这种和谐的趋势，人类学便可以敦促我们保持警惕并给我们指明可以重获它的道路。

科学思想、历史思想和神话思想有何相似？

时间不多，我将简要谈一谈第三个问题——我们可以从人类学家所研究的民族最常见的宗教观念中吸取怎样的教训？

在人类学家看来，宗教是一部涉及面很广的现象汇编，以神话传说和宗教仪式的形式构成多样化的组合。在教徒以外的其他人眼中，这些组合乍一看似乎都是不合理且随意的。那么问题便是：是应该满足于此，并简单地描述我们无法解释的东西，还是在信仰和习俗表面上的混乱背后发现一种逻辑联系？

在对我所了解的巴西中部的土著居民的神话传说进行了研究后，我想我发现了一个现象：尽管每个神话传说单独看来都像是一个没有任何逻辑的奇怪的故事，但在这些神话传说中间却存在着更简单、更易理解的联系。

哲学或科学思想以提出概念并使之连贯的方式进行思考，而神话思想则借助于可感知世界的形象发挥作用。神话思想不是在概念之间建立联系，而是让天空与大地、大地与河流、光明与黑暗、男人与女人、生食与熟食、新鲜与腐烂对立……如此来建立一种感官的逻辑：颜色、结构、味道、气味和声音。它选择、组合这些感官或使其对立，是为了以某种代码的形式传递信息。

以下是我从几百个神话传说中选取的一个例子，我曾在出版于 1964 年至 1971 年间的四卷本《神话学》中试图分析这些神话。

一对乱伦的或者不为社会习俗所接受的恋人，只能在死后结合在一起，死亡将使他们融为一体。这是一个我们很容易接受的故事，因为我们的文学传统使我们对此类故事习以为常。在西方，有中世纪盛行的一个传说——特里斯坦与伊索尔德（Tristan et Yseult），还有瓦格纳（Wagner）的歌剧。我觉得在日本的传说中也有这种类型的故事。

相反，我们会对另外一个故事感到惊讶，这个故事讲的是：一位祖母硬把亲生的一对兄妹结合在一起生下了一个孩子。这个孩子长大后，有一天，径直向天空射出一支箭，箭落下来，从中间将他自己劈成两半，分别变成那对兄妹，随后他们马上又在一起成了乱伦的恋人。

在我们看来，第二个故事显得十分荒谬并缺乏逻辑。然而在北美印第安部落中，这个故事却和第一个故事一样流传着，只要将两个故事的每个情节进行对比，便可以发现第二个故事重现了第一个，只不过它是反过来讲述的。

难道每个地方都流传着相同的一个神话传说，邻近的民族只是对此进行了对称和颠倒的叙述吗？

我们再深入研究一下，可能就不会对此产生怀疑了。我们发现在北美洲，第一个故事自称解释了这对恋人在死后变成的星座的起源[有点像中国传说里的牛郎和织女（le Bouvier et la Tisserande），日本七夕节（la fête de Tanabata）的时候也会纪念牛郎和织女]；而第二个故事声称解释了太阳黑子的由来。也就是说，一个是显现在阴暗背景中的光点；另一个则是出现在明亮背景中的暗点。为了解释颠倒的天体位形，我们从正面或从反面讲了同样一个故事，就像是一部从头放或倒着放的电影，在第二种情况下，我们看到的是火车头在后退，蒸汽返回到烟囱里并逐渐凝结成水。

如此分析下来的结论就是：并不存在两个不一样的传说，现在只有唯一的一个。人类就是这样逐步地向前发展着，许多没有意义的故事为越来越少的客观事物所取代，它们相互使对方变得易于理解。单独一个传说并没有任何意义，只有将所有传说联系到一起时才有意义。

大家可能会想，这样的研究会在哪些方面对解释目前的问题有所帮助呢？当今社会已不再有神话传说。为了解决人类的境遇和自然现象提出的问题，我们求助于科学，或者更准确地说，为了解决各类问题，我们求助于专门的科学学科。

但情况总是如此吗？无文字民族向神话传说索求的东西，全人类在其漫长历史的数十万年，也许是数百万年间向神话传说索求的东西，就是为了阐明我们所在的世界的秩序和我们出生的社会的结构，证明其理由，并使我们确信，总的来说，世界和我们所在的特殊社会将会一直如此，就如最初被创造出来的样子。

然而，当我们思索我们的社会秩序时，都会求助于历史，以便解释它、证明它或指责它。这种判断过去的方式根据我们所属的阶层、我们的政治信念和道德姿态而变化。对于法国人民来说，1789 年的大革命解释了现在的社会轮廓。根据对这种社会轮廓的不同评价，我们不会用同样的方式来理解 1789 年的大革命，而且我们憧憬不同的未来。换句话说，我们对于或远或近的过去所形成的印象多源自神话传说。

我在日本谈这些感想或许有些放肆。但通过对日本历史的少量了解，我时常会有这样的猜想：明治（Meiji）前夕，无论是对幕府（shogunal）政权的捍卫者还是对那些鼓吹帝国政体复辟的人来说，可能都是一样的。但 1980 年在大阪，在一场由日本的三得利（Suntory）基金会组织的专题座谈会上，我发现日本的与会者们对于明治复辟（la restauration Meiji）[①] 还有着不同的理解：一些人从中看到了一种对世界开放的意愿，并毫无私心地、不怀旧也不惋惜地希望能够一直在这条道路上走得更远；而另一些人则相反，他们在这种开放中看到一种方式——向西方借来武器，以便在需要时可以对抗它并保留日本文化的特性。

---

① 明治复辟：中国管这个日本现代化政治开端叫做“明治维新”，而英文则把这个历史事件称为“明治复辟”。——译者注

于是，人们终于开始思考是否可能存在客观的和科学的历史，又或者在我们的现代社会，历史是否扮演着不同于神话传说的角色。神话传说给无文字社会带来的是：证明某个社会秩序和世界观的合理性；通过事物以前的样子来解释事物的现在；在过去的状态中找到现状的证据；按照这样的现在和过去构想未来。我们的文明赋予历史的角色亦是如此。

然而，还有一处不同，就像我试图通过一个例子来说明的，似乎每个神话传说都讲述着不一样的故事，但我们却发现其实故事经常是相同的，只是情节的排列不同而已。与之相反的是，我们通常认为只有一个历史，而事实上每一个政党、每一个社会阶层，有时是每一个人，都在给自己讲述着不一样的历史，与神话传说不同的是，他们用它来为自己找到期盼的理由，并非是现在再现过去，也不是未来使现在永存，而是未来不同于现在，就像现在曾经不同于过去一样。

我刚刚所做的被称作原始民族的信仰和我们

的信仰之间的比较让我们明白，历史，正如我们的文明所利用的那样，更多地反映了偏见和希求，而不是客观事实。而人类学却教给我们批评精神。它让我们更好地明白我们自己社会的过去，以及不同社会的过去不仅仅只有一种可能的意义。对于历史的过去，不存在一个绝对的、完全的解释，而是有很多相对的、有限的解释。

请允许我表达一个更大胆的想法来结束这场演讲。今天的科学已经从用永恒的观点变为用历史的眼光来看待世界的秩序。宇宙对我们来说，不再像牛顿的时代那样，为永恒的定律——如万有引力定律——所支配。现代天体物理学认为，宇宙是有历史的。150亿或200亿年前，宇宙开始于一场独一无二的事件（英文是big bang，宇宙大爆炸），经过不断的膨胀达到今天的状态，根据推测，宇宙还将会以同样的方式无限地膨胀，或者是膨胀和收缩交替循环着进行。

然而，随着科学的发展，我们确信我们越来越没有能力通过思想来控制现象，无论在空间上，还是在时间上，现象都超出了我们的想象。从这一意义上看，对于大多数人来说，宇宙的历史便成了伟大的传说——宇宙的历史就是宇宙大爆炸的发展过程，因为它只发生了一次，所以我们将永远无法证明它的真实性。

如果从 17 世纪开始，人们就相信科学思想与神话思想有着根本的区别，而且相信一方应该很快会消灭另一方，那么，现在可能就会想，是否我们没有从反方向上观察演变的开始。科学思想的发展本身不会将它推到历史的那一边吗？19 世纪时生物学领域的进化论便是如此，现代宇宙学也在朝着这个方向发展。我试图证明过，即便在当今社会，历史认识与神话传说也有着一定的相似性。如果像看上去的那样，科学本身趋于变成某种生命史和某种世界史的话，我们也许不排除科学思想和神话思想在走了很长一段时间的不同道路后，某一天会意外地接近的可能性。按照这个推论，人类学对神话思想研究所怀有的兴趣便更有了理由——对神话思想的研究有助于我们认识到思想所固有的、现实的约束。

Ⅲ 承认文化的多样性：日本文化教会我们的

我在前两场演讲中所说的都是在提请大家缩小这一差距——鉴于无文字社会低下的技术和经济水平，我们试图在我们的社会与其之间设定的差距。

人类学家与遗传学家

为了解释这种差距，过去我们使用过——现在偶尔还会使用——两种方法。在某些人看来，这种差距或许是难以逾越的，因为它可能是由于人类社群遗传型的不同而产生的。在这些遗传型中，也许存在着某种对智力和道德特性有影响的不平等。种族主义者的论断便是如此。相反，按照进化论的观点，诸文化的不平等或许并不是由于生物学原因，而是由于历史原因，因为在每一社会必须经过的唯一道路上，有的社会领先了，有的停步不前，还有的可能在后退。唯一的问题也许就是要了解某些社会落后的偶然原因，并帮助它们重新赶上。

如此我们便面对着最后两个问题，人类学希望能够有助于解决这两个问题：一个是种族问题，另一个是进步的意义问题。

在整个19世纪和20世纪前半叶，人们都在想种族是否影响着文化，又是以何种方式影响文化的。因为身体外貌不同的民族，它们的生活方式、习俗和信仰也不一样，于是我们得出结论：身体差异和文化差异是有联系的。正如联合国教科文组织（l'Unesco）在第二次关于种族问题宣言的序言中申明的那样，使街上行人相信种族存在的，“是当他看见一个非洲人、一个欧洲人、一个亚洲人和一个美洲印第安人在一起的时候，他感官上所立即感觉到的”。

与种族和文化相互关联的观点相反，长久以来人类学一直在强调两个论据。第一，现存的，特别是两三个世纪前还依然存在的文化的数量远远超过了最细心的调查者所乐于区分的种族的数量：文化有好几千种，而种族却只有十几二十来个。然而，被认为属于同一“种族”的人所创立的两种文化之间与两个根本不同的社群的文化之间相比，可能存在着一样多的或者更多的差异。

第二，文化遗传的演进比基因遗传的进化要快得多。在我们曾祖父母们经历的文化和我们的文化之间隔着一个世界。我们甚至可以说，在古希腊罗马人和18世纪我们的先辈的生活方式之间存在着比后者与我们的生活方式之间更少的差异。然而，我们却始终延续着他们的遗传特性。

这两个论据说明了差不多在百年前，研究

技术、习俗、制度和信仰的所谓“文化”或“社会”人类学家与坚持对头颅、骨骼或活人进行测量和标定的拘泥于传统的“体质”人类学家之间就产生了分歧。在这两种研究之间，我们无法建立任何联系。打个比方来说，“体质”人类学家所用的筛子网眼非常大，以至于留不住任何存在于“文化”或“社会”人类学家赋予了某种意义的文化之间的差异。

然而，仅仅三四十年的时间，人类学和这个新的生物学科（我们把它叫作人口遗传学）之间的合作便建立了起来。通过生物学论据，人口遗传学一直对人类学家在种族差异和文化差异之间建立关联，甚至是因果关系的任何尝试都抱有怀疑。

种族的传统概念完全是基于明显的外部特征：身高、皮肤和眼睛的颜色、头颅的形状以及发型等。假设在这些不同方面可观察到的变量是一致的——这似乎很值得怀疑——那么没有什么能够证明这些变量与遗传学家揭示并证明了其重要性的差异也是一致的，而且这些差异并非是感官上所能立即感觉得到的，如血型、血清蛋白和免疫因子等。然而，二者却都是一样的真实，可以设想——在某些情况下，人们甚至已经证明——第二种差异有着与第一种差异全然不同的地理分布。按照所采用的特征，一些“不可见的种族”可能会在传统的种族内部出现，或者将重新划分人们为传统种族确定的原本就不清晰的界限。

在确认了人类学家的立场之后，遗传学家便用遗传组（stock génétique）的概念取代了种族的概念。遗传组没有假定为永恒不变的特性，也没有明确的界限，而是由相对的含量（dosage）组成，这些含量因地而变，并随着时代的变迁不停地变化。人们为其划定的界限是随意的。这些含量不知不觉地逐渐上升或下降，偶尔确定的极限值则取决于调查者感兴趣的，以及为了归类而采用的现象类型。

人类学家和遗传学家建立的这种“新联盟”——我用一个时髦的词来说——引起了对于所谓的原始民族的态度的显著变化。按照其他论据来看，这种态度的改变正朝着当时只有人类学家在走的方向发展。这些习俗世世代代都由奇怪的婚姻规则和随意的禁忌组成，例如，只要母亲还在哺乳新生儿，夫妻间就禁止性生活；首领及长者享有多妻特权；甚至还有令我们愤怒的习俗，即杀婴。这些习俗看似极其荒谬，甚至是骇人听闻的。直到 1950 年左右人口遗传学出现，我们才发现其存在的道理。

我们习惯于将那些离我们最远的种族视为最同质的存在。在白种人看来，所有黄种人长得都一样，反之亦然，在日本的南蛮（namban）艺术中，白种人也都是一个模样。然而，我们发现生活在同一区域的不同原始部落中存在着显著的差异；这些差异不仅在同一个部落的村庄之间是很大的，而且在语言和文化各不相同的部落之间也很大。因此，即便是一个离群索居的部落也构不成一个生物单位。这是因为新村庄形成的方式是，一个家族从家系中分离出来，择居在别处。不久之后，一些亲属来与他们会合，共居一处。如此构成的他们之间的遗传组的差异较之胡乱地聚合在一起所形成的差异要大得多。

由此我们可以得出一个结论：如果同一个部落的所有村庄最初是由不同的基因构成，而每一个部落都生活在相对孤立的状态下，因生殖率不等而处于竞争之中，那么它们重新组成一个整体的条件是——生物学家很清楚——要有利于一种进化，而这种进化比我们通常观察到的动物的进化要快得多。然而，我们知道从化石人类①进化到现在的人类，比较而言，是以极快的方式发生的。

如果承认现在我们在某些偏远民族中观察到的条件提供了，至少在某些方面提供了一幅与人类在遥远过去生活的条件近似的景象，那么便应当承认这些我们认为非常悲惨的条件是最适宜于使我们成为今天这个样子的，而且仍然是最适于使人类保持在同一方向上进化并保持进化速度的条件，但在当代巨型社会中，基

① 化石人类：猿人、类人、旧人、原人的总称。——译者注

因的交换以别种方式进行，反而会阻碍进化或使其改变方向。

我们的认知应当发展，并该意识到这些新问题，以便承认从前被我们嘲笑的，或最多不过是带着优越感去探究的生活方式、习俗和信仰有着一种客观价值和道德意义。然而，随着人口遗传学登上人类学舞台，突然发生了另一个大的转变，其理论影响范围也许更大。

我刚刚提及的那些事实均属于文化范畴：所谓的原始社会维持着较低的人口增长率，将哺乳期延长至 3 到 4 年，遵守着各种两性禁令，在必要的情况下实施流产和杀婴。人类的生殖率根据他们拥有一个或多个妻子而发生很大的变化，这有利于某些自然选择方式的发展。所有这些都涉及人群分开和重聚的方式、规定两性结合以及生育的习俗、放弃或哺育孩子所规定的方式，还涉及权力、巫术、宗教和宇宙学。这些因素直接或间接地决定了自然的选择及其发展方向。

“种族”——一个不恰当的词

从此，关于种族概念与文化概念之间的关系问题的数据变得混乱起来。在整个 19 世纪和 20 世纪上半叶，人们都在想，种族是否影响着文化，又以何种方式影响文化。首先我们确定的是这样的问题是无法解决的，现在我们又意识到事情发生了逆转。很大程度上是人类偶然采用的文化形式，以及他们过去和现在的生活方式，决定了他们生物进化的速度和方向。根本不该问文化是否与种族有关，因为我们发现种族——或是人们通常通过这个不恰当的词所理解到的——就是文化的一个功能。

怎么可能是别样的情况呢？因为是社群的文化确定了其地理界限，以及与邻近民族的友好或敌对关系，所以通过允许、鼓励或禁止通婚，相对重要的基因交换在他们之间发生。我们知道，即使在当今社会，婚姻也不完全是盲目的行为。一些有意或无意的因素都在起着作用，如夫妻婚前居住的远近、所属的种族、宗教信仰、教育水平，以及家族财富等。如果可以从存留至今的最普遍的风俗习惯来推断，我们将接受这一观点，即从社会生活刚开始时起，我们的祖先或许就懂得和运用一些婚姻规则，允许或禁止某些亲戚类型。我在之前的演讲中举过这样的几个例子。像这样代代都遵循的规则怎么不会以不同的方式对基因的遗传产生影响呢？

这还不是全部。因为每个社会实行的卫生守则和对某类疾病或功能衰退相对重要和有效的治疗，在不同程度上允许或预防了某些个体的存活和遗传物质的扩散，否则遗传物质会消失得更快。同样，关于对某些遗传异常的文化态度，以及一些行为——在某些情况下，如所谓的非正常出生、双胞胎等，对两性儿童无区别地都要杀掉；或者像是杀婴，则尤其针对女婴——我们也可以说很多。最后，夫妻的相对年龄、因生活水平和社会职能而不同的生育和生殖能力，至少部分地，直接或间接地要服从于一些规则，其最终原因不是生物原因，而是社会原因。

因此，人类的进化并非是生物进化的副产物，也并非完全不同于生物进化。只要生物学家和人类学家能够意识到可以相互帮助以及各自的局限性，那么这两种传统观念的整合便成为可能。

人类最初，可能是生物进化选择了前文化的特征，如直立行走、手工制作、社交行为、形象思维、发出元音和沟通能力。反之，文化一旦存在，便是由它来加强这些特征并使之传播。但当诸文化出现分歧时，它们便加强和发展其他特征，比如：一些人不管愿不愿意都得适应极端的气候，必须耐冷或耐热；住在高海拔处的人则要适应空气中稀薄的氧气含量；等等。然而，谁又知道好侵略或喜沉思的禀性以及技术创造性是否很大程度上与遗传因素有关呢？这就是我们在文化层面上所能理解的，没有一个这样的特征与遗传基础有明显的联系，但我们不能因此就排除中间联系带来的远期影响。如此一来，或许可以说每种文化都在选择遗传能力，而遗传能力反过来又影响着文化并使其发展方向更加明确。

两种研究方法部分相似、部分互补。说其相似，是因为文化在很多方面与遗传特征的不规则含量是相似的，人们最近用“种族”一词来代表遗传特征。文化有许多特征，其中的某些特征在不同程度上与周边文化或遥远文化有着共同点，而其他特征多少明显地与之不同。这些特征在系统内部相互均衡，在任何情况下，系统都应该是可以维持下去的，否则其他更适宜传播或再生的系统就会逐渐地将之排挤掉。为了发展差异，为了使一种文化与其周边文化区别开来的界限变得足够明显，条件大致与有益于保持群体间生物差异的条件是一样的：长时间的相对隔绝状态、有限的文化或遗传交流。撇开程度不谈，文化障碍与生物障碍的作用是一样的；但文化障碍能够更形象地预示出生物障碍，因为每一个文化都在人的身体上打上了自己的印记，如服装样式、发型和饰物、身体上的损伤和行为举止，文化障碍模仿类似于种族之间可能存在的那些差异。通过偏爱某种体型，文化障碍巩固了生物障碍，或许也推广了生物障碍。

三十四年前，应联合国教科文组织的要求，我曾写了一本小册子——《种族与历史》（*Race et histoire*），借联盟的概念来说明孤立的文化无法独自创建一个真正的累积历史所需要的条件。为此，我认为不同的文化——不管自愿与否——都应该归并各自的赌注，以便在这场伟大的历史游戏中互相给予对方能够长久延续的机会，并使历史得以发展。

目前，遗传学家对于生物进化提出了一些比较相近的看法，他们指出，实际上一个基因组就是一个系统，某些基因在这个系统中起着调节的作用，而其他基因则共同对唯一的特性发挥作用，或者情况相反，多个特性取决于唯一的一个基因。对个体基因组来说是如此，对群体亦然，群体应当总是这样（通过在多个遗传型内部进行组合），以便建立起最佳平衡并增加其生存机会。就这一意义而言，可以说基因重组在人类历史中扮演的角色与文化重组在生命形式、技术、知识、习俗和信仰的演进中扮演的角色一样。因为个体通过其遗传型注定只能获得一种特定文化，所以他们的后代会处于特别不利的环境。他们所处的文化演变快于其遗传型的进化，遗传型为符合这些新环境的要求会自我进化并实现多样化。

今天，人类学家和生物学家都承认，生活，尤其是人类生活不能以单一的方式发展。无论在何处，生活总是以多样性为前提并始终产生多样性。这种精神的、社会的、美学的以及哲学的多样性与生物学意义上的人类族群的多样性没有任何因果关系。两种多样性的并行只存在于另一个领域。

然而，这种多样性到底是什么呢？让人们放弃根据肤色的黑白、头发的卷直来判断智力或道德程度恐怕是徒劳的，因为对于这样一个问题，他们不会缄口不言，而是会立即反驳道：如果不存在种族天生的能力，那么如何解释西式文明获得了巨大发展，而其他有色民族的文明却落于其后，有些仍处于发展中，有些则落后几千年或上万年？所以，如果我们不关心人类文化的不平等性——或是多样性——的问题，那么，我们就不能通过否定人种的不平等性来声称解决了问题，在公众意识里，二者有着密切的联系。

多样性引发的议论

然而，对于人们来说，文化的多样性很少显现出其本来面目：它只是社会间直接或间接的关系产生的自然现象。人们宁愿把它看成是可怕的事，或不合常规的事。从远古至今，一种根深蒂固的本性使人们单纯地、简单地放弃那些与他们自己的社会相去甚远的风俗、习惯、信仰和价值观。古代希腊人和古代中国人把那些不属于其文化的人统统称作“野蛮人”，可能“野蛮”（barbare）一词，从词源上说，指的是鸟儿的鸣叫声，于是他们将其视为具有动物性的；而我们长久惯用的“未开化”（sauvage）一词，意即“森林的”，亦指的是与人类文化相对的动物的生活方式。所以，人们拒绝接受文化多样性这一事实本身；他们更愿意把所有不符合他们生活标准的东西抛到文化外、自然中，就像德语中的一个词所说的，他们将其称为“未开化民族”“原始民族”（Naturvölker）。

也许伟大的宗教和哲学体系——无论是佛教、基督教还是伊斯兰教，不管是斯多葛主义的、康德的还是马克思主义的学说，还有各种人权宣言——总是反对这种态度。然而这些体系却忘记了人并非在抽象的人性中，而是在传统的文化中实现自己的天性，而传统文化因特定的时空而有所不同。现代人具有双重倾向：一方面，斥责与其道德相抵触的经验；另一方面，否认其理智上无法理解的差异。于是他们试图妥协，这可以让他们既顾及文化的多样性，又可以消除多样性所带来的对其来说耸人听闻的和令人不快的东西。

于是长期支配西方人思想的进化论便成为一种尝试，它企图减少文化的多样性，同时又假装完全承认这种多样性。因为如果将人类社会所处的不同状态——无论是远古时代的还是偏远地区的——都当作唯一的发展阶段或时期来看待，而唯一的发展又推动这些社会朝着同一个方向行进的话，那么我们所观察到的它们之间的多样性就只不过是表面上的了。人类变成单一的、没有变化的。只是，这种单一性和同一性只能逐渐实现，而且并不是在每个地方都以一样的速度进行。

进化论的方法是诱人的，但它过度地简化了事实。从自己的角度出发，每个社会都可以将与其不同的社会分为两类：一类是和它同时代的，但空间上离它很远；另一类是和它几乎在同一空间，但时间上早于它。

当我们考虑第一类社会时，我们想在它们之间建立时间上的连续关系。有些现代社会依然不知道电和蒸汽机是什么，它们如何不会令人联想到西方文明曾经的发展阶段？人们怎么不会把无文字、无冶炼技术，但却能在岩壁上画像、会制造石器的土著部落与一万五千年或两万年前，在法国或西班牙有过类似活动的未知民族加以比较？不知有多少西方游客在东方重新见到了“中世纪”，在第一次世界大战前的北京又看到了“路易十四时代”，在澳大利亚或新几内亚土著人那里再一次见到了“石器时代”。

这种伪进化论在我看来是极其危险的。我们对于已消失文明的所知只限于某些方面，我们考察的文明越是古老，所知的方面就越少，因为我们已知的是那些唯一幸免于时间摧毁的东西。所以这种方法是以偏概全，只因两种文明（一个是现存的，一个已经消失）的某些方面是相似的，就得出所有方面都一致的结论。不过，这种推理方式不仅在逻辑上站不住脚，在很多情况下也为事实所推翻。

举例来看，让我们回忆一下西方长久以来对于日本的根深蒂固的看法。几乎在所有关于二战前的日本的著作中，我们都可以看到，整个19世纪，日本都处在与欧洲中世纪时一样的封建制度中；在19世纪后半叶，即比欧洲晚两到三个世纪，日本才进入到资本主义时代，并开始工业化进程。今天，我们知道这些都是错误的。因为首先，所谓的日本“封建制度”——尚武精神——深受力本论和实用主义的影响，与欧洲的封建制度只是表面上相似。它实际上是一种全然独特的社会组织形式。其次，16 世纪的日本已经是一个工业国家，制造并向中国出口大量的盔甲、军刀，随后是火枪和大炮。日本的人口比当时任何一个欧洲国家的人口都要多，大学的数量更多，扫盲率也更高。最后，一种完全没有受到西方影响的商业和金融资本主义在日本明治维新之前就已经在蓬勃发展了。

所以，两个社会不是先后走上一样的发展道路，而且走着平行的道路，但在每个历史时期，它们做出的选择并不一定是一致的；就好比两个人手里拿着同样的牌，但各自的出牌顺序却不同。与我们能够做的许多其他对比一样，对欧洲和日本进行比较，不能采用单线演进的理念。

如果确实存在一些社会，它们在同一时间存在，却彼此远离，那么我刚才已经做了区分的第二种类型的社会——那些共存于某个特定地点，但时间上早于当代社会的社会——是否也真的存在？如此脆弱的单一进化假设，当我们用它来将相距遥远的社会置于同一等级上时，似乎又是难以避免的。通过古生物学、史前学和考古学一致的见证，我们知道在被今天伟大的文明所占据的土地上，最先居住着各种各样的原始人（Homo），他们粗糙地切削火石。久而久之，这些石具被磨制得更精细，并得到改进，打磨石器为抛光石器、骨头和象牙所代替；随之出现制陶、织造和农业，之后又逐渐出现了冶炼。对于这些，我们同样可以区分出阶段。如此，难道不能说这是一场真正的进化吗？

然而，将这些不容置疑的进步有规律地、连续地排列起来，却并不像我们想象的那样简单。长久以来，我们把这些进步分成连续的几个阶段：打磨石器时代、抛光石器时代、铜器时代、青铜时代、铁器时代……但这过于简单了。今天我们知道石器的打磨和抛光有时会同时存在；抛光石器占上风并不是技术进步的结果——因为石器的抛光要比打磨耗费多得多的原材料——而是尝试用石器复制更加“先进”

的文明的铜质或青铜工具和武器的结果，当然，这种更“先进”的文明其实与其模仿者的文明是同时代的并且相互邻近。根据地区的不同，陶器制造可能与抛光石器同时出现，也可能先于它出现。

人们不久以前还认为打磨石器的各种不同的技术形式——“à nuclei”工业、“à éclats”工业和“à lames”工业——代表了历史进步的三个阶段，即下旧石器时代、中旧石器时代和上旧石器时代。今天，我们承认这三种形式可能曾经共存，它们并不表现为单线演进的三个阶段，而是由极其复杂的现实的各个方面，即由人们所说的“面貌”（faciès）组成的。数十万年前，也可能是一百多万年前，那时的石器工业是“直立猿人”（Homo erectus）——“现代人”（Homo sapiens）的祖先——的杰作。然而，这些工业却证实了其制造的复杂性和精细度，这种制造的复杂性和精细度在新石器时代末期才被超越。

并非要否认人类进步这一事实，只是对此应该更慎重地把握。人类认识的发展促使人们将文明的形式在空间上进行展开，而我们却倾向于将它们在时间上进行分段。

进步既不是必然的，也不是连续的。它是跳跃式进行的，或者像生物学家所说，是突变式进行的。这些跳跃并非总是在同一方向上行进得更远。它们还伴随着方向的改变，有点像国际象棋中的马，总是可以跳几步，但都不在同一个方向上。发展中的人类并不像人爬楼梯，一步一个台阶，而是令人想到了赌博者，他的运气靠多次扔骰子来获得，每次掷出骰子后，看它们散落在桌上的点数。靠一个赢得的，总会有在另一个上失去的危险，而历史只是侥幸才累积起来的，换言之，利益相加形成有利的组合。

一个文明在其自身看来实现了有利的组合，但其有利的组合却并不令观察者的文明感兴趣，对于这样的文明，我们该持有怎样的态度呢？这个观察者难道不会倾向于把这种文明看作是静止的吗？换句话说，静止历史和累积历史之间的这种差别（一个积累了发明；而另一个可能同样积极，但其每次革新都会消逝在一种波流中，从未持久地偏离最初的方向）难道不是我们为了评估不同的文化所一直持有的种族中心主义观点的结果吗？因此，我们把凡是与我们的发展方向一致的文化视作是累积的。而其他文化，在我们看来即为静止的，但它们并不一定是静止的，只是因为其发展路线对我们而言毫无意义，无法用我们的参照系统来衡量而已。

“不完美的艺术”

这个问题我认为很重要，为了让大家更好地理解，我曾做过很多对比来说明，现在请允许我再做一次。

首先，我的态度和我们的社会所采取的态度有很多相似之处，都认为老年人和年轻人对事件的反应不同。老年人一般会把在他们晚年这段时间内进行的历史看作是静止的，相对于他们年轻时的累积历史而言。他们不再积极地参与社会活动、不再发挥什么作用，这样的时期对于他们而言不再有意义。什么也没有发生，或者发生的事情在他们眼里也只有负面的特点。

相反的，他们的儿孙却满怀热情地——以长辈们已经失去的那种热情——生活在这个时代里。

在当代社会，一种政治体制的反对者总是不情愿承认这一体制在发展。他们全盘否定这一体制，并把它抛到历史之外，就像是幕间插演的一个节目，只有在其结束之后，正常的生活才能重新开始。其他一切都是积极分子的设想。我们尤其还要指出一点，就是他们在执政党机构中还占据着重要的位置。

因此，发展文化和静止文化的对立似乎是聚焦不同的结果。使用显微镜的观察者透过镜头对一定距离外的物体进行“调焦”，离物体近一些或远一些，哪怕是极小的偏差，物体都会显得模糊不清，甚至完全看不到物体，这是因为我们是通过镜头来看物体的。

同样，对于坐在火车上的一名旅客来说，他所看到的窗外其他火车的速度和长度根据它们与我们行驶在同一方向还是相反方向而有所不同。然而，一种文化的任何一名成员与其社会都是紧密连成一体的，正如这名想象的旅客之于他的火车一样。我们一出生，无论家庭还是社会，周围的一切都在我们的头脑中铭刻出一套复杂的参照系统，包括我们的价值判断、动机、兴趣中心，还有反复灌输给我们的对于我们的文明的过去和未来的认知。之所以我们一生都在完全按照这一参照系统行动，而其他文化和社会的参照系统只能被我们歪曲地理解，是因为我们自身的系统使其变了形，而我们对此却毫无意识。

每当我们倾向于把一种文化看作是惰性的或是静止的时，我们都应该自问这种表面上的不动性是否源自我们对其真实意义的无知，使用有别于我们的标准的这种文化是否是我们同一幻觉的牺牲品。换句话说，它们互不关心，仅仅是因为它们彼此不相像。

两三个世纪以来，西方文明尤其专注于科学知识及其应用。如果采用这个标准，人们便会以人均所拥有的能量作为人类社会发展程度的指标。如果标准是有能力战胜极其恶劣的地理条件，那么爱斯基摩人（les Eskimos）和贝督因人（les Bédouins）则会拔得头筹。印度比其他任何一个文明都更懂得创立哲学和宗教体系，这个体系能够减少由人口不平衡所带来的心理风险。伊斯兰文化提出了一种理论，认为人类活动（技术的、经济的、社会的和精神的）的所有形式都是相互关联的，我们知道这种对于人类和世界的看法使阿拉伯人在中世纪的精神生活中占据着怎样优越的地位。在所有涉及肉体和精神之间的关系，以及人体这一高级机器的使用方面，近东和远东都比西方先进几千年。澳大利亚人在技术和经济方面落后，但却建立了极其复杂的社会和家庭制度，要了解它们，必须借助于现代数学的某些公式。我们应该承认他们是第一亲族关系理论家。

非洲的贡献更复杂，也更模糊，因为我们才了解到它在旧大陆（l'Ancien Monde）[①] 所扮演的“大熔炉”（melting pot）的角色。埃及文明只有作为亚洲和非洲的共同作品才是可理解

---

① 旧大陆：是指在哥伦布发现新大陆之前欧洲所认识的世界，包括欧洲、亚洲和非洲（全称为亚欧非大陆或世界岛）。这个词用来对应新大陆（包括北美、南美和大洋洲）。——译者注

的。古代非洲重要的政治体制、司法贡献和长久以来躲在西方背后的哲学思想，还有它的造型艺术和音乐都证明了其过去的富有。别忘了还有哥伦布发现新大陆之前的美洲对旧大陆物质文化的多方面贡献。首先，土豆、橡胶、烟草和古柯（现代麻醉的基础）在许多方面成为西方文明的四大支柱，玉米和花生甚至在普及到欧洲之前就使非洲的经济发生了巨大的变革；然后是可可豆、香草、番茄、菠萝、辣椒、豆角、棉花和葫芦；最后，零作为算数和现代数学的基础，间接地为玛雅人所知和使用，至少比印度人早 500 年，最终通过阿拉伯人，零才被传到了欧洲。因此，那时的玛雅日历可能比旧大陆的日历还要准确。

下面，让我们来看一下欧洲和日本的情况。19 世纪中叶，欧洲和美国在工业化和机械化方面确实更加先进。西方更懂得扩展科学认知，以便从中获取各类应用，从而大大增强人类对抗自然的能力。但并不是在所有领域都是如此，如冶金和有机化学领域，因为日本人是淬火和发酵技术方面的专家，所以这也许就解释了为什么今天日本在生物技术方面处于领先地位。再来看看文学方面。18 世纪时我们才看到欧洲出现了在细腻度和心理深度方面可与日本的《源氏物语》（*Genji monogatari*）[①] 相比较的作品；直到夏多布里昂（François-René de Chateaubriand，1768 年 9 月 4 日—1848 年 7 月 4 日）[②]，欧洲的编年史才再现了 13 世纪日本编年史作者们的那种热情奔放和忧郁伤感。

在我的第一场演讲中，我提醒大家注意，欧洲对于所谓的“原始”艺术的关注才刚开始不到百年。而在日本，一种类似的关注可以追溯到 16 世纪，当时的日本美学家十分迷恋朝鲜农民朴实的土制陶器。就在那时，日本人对于天然材料、

---

① 《源氏物语》：成书于公元 1001—1008 年，是世界上最早的长篇写实小说，日本不朽的国民文学，世界文学宝库中不可或缺的一件珍品。——译者注

② 夏多布里昂：是法国 18—19 世纪的作家、政治家、外交家、法兰西学院院士。拿破仑时期曾任驻罗马使馆秘书，波旁王朝复辟后成为贵族院议员，先后担任驻瑞典和德国的外交官，及驻英国大使，并于 1823 年出任外交大臣。著有小说《阿拉达》《勒内》《基督教真谛》，长篇自传《墓畔回忆录》等，是法国早期浪漫主义的代表作家。雨果在少年时曾发誓：“要么成为夏多布里昂，要么一无所成!”这句话给了夏多布里昂崇高的荣誉。——译者注

粗糙结构、偶然之作、不规则或不对称的形状的偏好便显现出来，它们被日本著名民艺理论家柳宗悦（Yanagi Sôetsu，1889—1961）[①] 称作“不完美的艺术”（l'art de l'imparfait）。这种“不完美的艺术”，最初是作者们的无意之作，它启发并影响了日本的制陶者，开创了“乐烧”（raku）[②] 陶艺，制陶大师本阿弥光悦（Kôetsu，1558—1637）[③] 对此还进行了大胆独创的简化；

---

① 柳宗悦：日本著名民艺理论家、美学家。1936年创办日本民艺馆并任首任馆长，1943年任日本民艺协会首任会长。1957年获日本政府授予的“文化功劳者”荣誉称号。“民艺”一词的创造者，被誉为“民艺之父”。——译者注

② 乐烧：日文为“樂燒”，可称得上是桃山时代最具代表性的茶陶，最初由千利休定型，京都的陶工长次郎烧制而成。长次郎的父亲是来自中国或朝鲜（当时中、朝的陶瓷工艺都远较日本先进）的陶瓦工，父子同为丰臣秀吉的聚乐第工程烧瓦，从而与承担此项工程的千利休相识。后来丰臣秀吉称同窑的宗庆（长次郎的助手，乐家第二代常庆的父亲）所烧之器“天下第一”，并赐予“聚乐”的“乐”字金印与银印，故后世称长次郎开创的这一茶陶流派为“乐烧”。“乐烧”放弃了辘轳拉坯的制作方法，完全由手捏制，加以刀削成形，因而器形都不完全规整，正符合了侘茶道中不对称的审美。——译者注

③ 本阿弥光悦：日本江户时代初期的书法家、艺术家。他在陶艺、漆器艺术、出版和茶道方面亦有涉猎，是个多才多艺的艺术家。他与俵屋宗达及尾形光琳并称宗达光琳派的创始者。光悦对后世的日本文化影响极大。特别是在陶艺方面，他以“乐烧”茶碗闻名。——译者注

在书画刻印和造型方面，这种“不完美的艺术”还激发了画家和装饰家俵屋宗达（Sôtatsu，？—约1640）[①] 以及尾形光琳（Kôrin，1658—1716）[②] 的创作。

然而，我想说的是，日本艺术的这个方面，以宗达光琳派（l'école Rimpa）[③] 最为出名，在19世纪下半叶，它令欧洲着迷，并使其审美发生了变化。正因如此，欧洲的好奇心逐渐变大，并终于开始关注所谓的“原始”艺术。但我们

---

① 俵屋宗达：日本江户时代初期的艺术家及画家，常年活动于京都一带。他深受日本京都附近宫廷文化影响，作品富于多变，具有较强的艺术性。形成了日本绘画史上有影响的宗达光琳派，代表作有《四季草花图画笺》《扇面贴交屏风》等。——译者注

② 尾形光琳：日本江户时代的画家、工艺美术家。他是宗达光琳画派之祖，江户时代中期的代表画家之一。画风以大和绘风为基调，晚年也有水墨画作品。——译者注

③ 宗达光琳派：是桃山时代后期兴起并活跃到近代，使用同倾向表现手法的造型艺术流派。由本阿弥光悦和俵屋宗达创始，由尾形光琳、乾山兄弟发展集大成，之后由酒井抱一、铃木其一在江户确立。也称作“光琳派”。宗达光琳派以大和绘的传统为基盘，拥有丰富的装饰性和设计性，以绘画为中心，并统括书法和工艺。宗达光琳派对欧洲的印象派、现代的日本画及设计带来相当大的影响。它的特色是使用金银箔做背景、构图大胆、反复使用型纸图案等。题材多为花木和草花，也有以物语绘为中心的人物画、鸟兽、山水，以及若干佛画。——译者注

不要为此所骗：欧洲也没有预料到日本艺术会使其着迷。因为我所列举的这些日本艺术家们正是在数世纪前从仿古艺术中获得了创作灵感，并从中吸取到了经验。

例子虽小，但我觉得很能说明问题。我们认为，即便人们以为思想和审美观经常只是在原地打转，它们也是在发展前进的。因此，我们把回归到起点看作是一种大胆的进步。

此外，最应该引起我们注意的并不是这些不连贯的成果。人们过分地强调所有权：腓尼基人留给西方的文字，中国人的纸张、火药和指南针，印度人的玻璃和钢铁……这些东西本身并没有每个文化将它们组合、保留或排除的方式重要。每种文化的独特之处在于其解决问题以及看待大体上对所有人都一样的价值的特殊方式。因为每个人无一例外地都会至少一门语言，并拥有技术、艺术、实证认识、宗教信仰以及社会和政治组织。但其含量对于每个文化来说从来都不会是完全一样的，人类学致力于了解这些选择的秘密原因，而不是列出个别事件的统计清单。

文化相对主义和道德评判

我刚刚描述了其主要特点的学说有一个名字：文化相对主义。它并不是否认进步的事实，也不是说我们只要根据这样或那样的特殊方面就可以将某些文化排序。文化相对主义表明的是这种可能性，即使很小，也会遇到三个方面的限制。

首先，即便进步的事实是不容置疑的，但当我们用等角透视的方法来审视人类的演进时，进步只表现在某些特殊的方面，而且即使是在这些特殊方面，也是以断断续续的方式表现出来的，有时停滞不前，有时还会有局部的倒退。

其次，当人类学家仔细地检验和对比他们着重研究的工业革命前的社会时，他们无法得出可以将其放在同一水平线上进行考虑的标准。

最后，人类学家表示没有能力对这样或那样的信仰体系或社会组织形式的价值进行精神的或道德的评判。因为对其而言，道德标准按照推测，是采用了它们的特定社会的一项职能。

出于对其所研究的民族的尊重，人类学家不允许自己对诸文化间的比较价值进行评判。其实每种文化都无法对另一种文化做出真实的评价，因为文化无法摆脱自身的限制，而且它的判断还会受到一种相对论的束缚。

但一个世纪以来，每个社会不都是在一个接一个地承认西方模式的优越性吗？这是提给今天的人类学的一个主要问题。难道我们没有看见整个世界在逐渐地借用西方的技术、生活方式、服装甚至是消遣方式吗？

直到今天，从亚洲各民族到南美或美拉尼西亚热带丛林的偏远部落，都史无前例地一致在证明人类文明中的一种形式优于其他所有形式。当西方文明开始怀疑自己时，20 世纪后半叶获得独立的民族却在继续鼓吹西方文明，至少是从国家层面。它们有时甚至谴责人类学家不怀好意地延长殖民统治，同时谴责人类学家对其持有的特别的关注，使阻碍其发展的陈旧习俗得以延续。我想起了我的一段个人经历，1981年，我在同事和学生的陪同下来到韩国，有人告诉我，他们之间曾开玩笑地说："这个列维-斯特劳斯只对不存在了的东西感兴趣。"文化相对主义的信条就这样被它们质疑——为了其道德利益，人类学家曾认为应该颁布这个信条。

这样的状况给人类学以及全人类提出了一个严峻的问题。在这三场演讲中，我强调了好几次，因地理距离、语言和文化障碍而分离的各民族的逐渐融合标志着一个世界的结束——在这个世界上，数十万年或许是一两百万年间，人类以社群的形式长久地分开生活，而且无论是从生物学角度还是从文化角度来看，每个社群都是以不同的方式演进的。不断发展的工业文明所带来的混乱以及交通和沟通方式的快速增长打破了这些障碍。同时，这些障碍提供的机会也消失了，以便新的基因组合和文化体验得以形成并被检验。

也许，我们都在自己骗自己，相信着一个

梦：平等和友爱有一天会充满全世界，同时又不危害到人类的多样性。但我们不应该抱有幻想。伟大的创造时代是这样的时代：沟通变得足以使远离的双方相互促进，而且沟通并不用那么频繁和快速，就可以使个人以及社群之间必不可少的障碍变小，以至于极其简单的交流都统一和混合着这种多样性。

因为如果为了进步，人们的确需要合作的话，那么在合作的过程中，多样性所带来的成果便在逐渐地统一，而这一最初的多样性恰好能使合作变得丰富和必要。任何进步都是共同游戏的结果，这个共同游戏在多少有点短的时间内可能会引起每个游戏者资源的同质化。如果多样性是初始条件，那么应该承认游戏的时间越长，赢的机会就越小。

从人类学的角度来看，现代人类就处在这样进退两难的境地。一切都好像在表明现代人类在朝着一种世界文明发展。但是，正如我曾试图证明的那样，如果文明意味着并需要文化的共存，而文化又各自提供着最大的多样性，那么，“世界文明”这一概念本身就是矛盾的。

今天，无论是在欧洲还是在美国，日本对它们的思想施加的诱惑力不仅仅在于其技术的进步和经济的发展。这种诱惑力大部分可以隐约地解释为：在所有现代社会中，日本显得最有能力避开障碍，并创造一些生活和思维方式，它们可以战胜那些困扰着20世纪人类的矛盾。

日本坚定地进入到了一种世界文明中。但直到今天，日本都知道该怎样发展自己且不放弃自己的特色。明治维新时期，当日本决心对外开放时，若想维护自身价值，它就必须在技术方面赶上西方。与许多所谓的落后民族不同，日本没有被某一种外国模式束缚住手脚。它只是为了更好地稳固其精神重心并保护周边其他，才暂时脱离了其精神重心。

数世纪以来，日本在两种态度之间保持了平衡：一是对外开放并迅速吸收外部影响；二是自我封闭，像是为了给自己时间吸收这些外国成果并在这些成果上刻印自己的标志。日本交替进行着这两种行为，并同时信奉民族之神和“请来之神”，这种惊人的能力和这些思想对你们来说或许很熟悉，我无意教给你们什么。我只是想通过几个例子来让你们更好地感受到日本令西方的观察者产生了强烈印象的这种方式。

在我的第二场演讲中，我强调了一种急迫感，就是要保护传统的“技术诀窍”（savoir-faire）。你们给这个问题带来了一个解决办法，即建立所谓“活着的国宝”系统，日文是“人间国宝”（ningen kokuhô）[①]。我不想泄露国家机密，但我要对你们说的是，目前法国当局正在准备一些措施，旨在在法国建立一个直接吸

---

① 人间国宝：这是日本政府认定的“重要无形文化财产保持者”的通俗说法。日本非常重视文物保护，依法对各种有形文化财产（如建筑、绘画、雕刻、工艺品、古书、典籍等）通过指定为“重要文化财产”或“国宝”来严加保护，而对无形文化财产（如戏剧、音乐、工艺技术等）以及各类民俗文化尤其注重保护。“人间国宝”的称呼是媒体最先使用的，在艺能表演领域是指那些获得该称号的表演艺术家，而在工艺制作领域则是指那些得到该荣誉的“身怀绝技者”（艺人），他们都师传弟（子）承，沿袭宗名。1955 年公布首批认定的“重要无形文化财产”时，最初使用了“无形态国宝”“活文物”等词语，第二批认定时出现了“人间国宝”的称呼并广为传播。——译者注

收了日本“人间国宝”系统特点的系统。

对我们法国人来说，尤其具有教育意义的是日本历史的另一面，即日本和法国进入工业时代的不同方式，甚至可以说是相反的两种方式。在法国，律师和官僚资产阶级，联合渴望获得小块农地的农民，进行了一场革命，这场革命废除了旧特权，同时遏制了一种新兴的资本主义。而日本却进行了一场复辟，追根溯源，其目的亦是将人民纳入国家共同体。但日本是在过去的基础上积累资本而不是摧毁它。因此日本得以将全部人力重新投入到使用中，因为批判精神没有充裕的时间进行破坏，而且整个象征性代表机构——可追溯到种植水稻前的生产时代，并已经通过水稻生产实现了一体化——仍然足够稳固，以便给帝国政权，然后给工业社会提供一个思想基础……

总而言之，我们其他西方国家看待日本的眼光使我们更加坚信的是，每一特定文化以及构成全人类的文化的整体，只有按照一种双重节奏——开放和封闭——来运行，才能存在并繁衍下去，时而是一个落后于另一个，时而是二者共存。为了保留独特性，并保持与其他文化间的差距——这些差距使它们相互丰富——任何一种文化都应该坚持自己，而为此所付出的代价便是要对不同的价值充耳不闻，并一直对其彻底地或部分地无动于衷。

你们请我做这三场演讲，也许是想着人类学可以教会日本某些东西。但是，我之所以带着更加强烈的好奇心、好感以及兴趣第四次来到日本——在日本的每一天都使我更加确信——是因为，通过其提出现代人类所面临的问题的独特方式以及它所建议的解决办法，日本可以教会人类学许多。

参考文献

Sylviane Agacinski, *Le Passeur de temps. Modernité et nostalgie.*

Sylviane Agacinski, *Métaphysique des sexes. Masculin/féminin aux sources du christianisme.*

Sylviane Agacinski, *Drame des sexes. Ibsen, Strindberg, Bergman.*

Giorgio Agamben, *La Communauté qui vient. Théorie de la singularité quelconque.*

Henri Atlan, *Tout, non, peut-être. Éducation et vérité.*

Henri Atlan, *Les Étincelles de hasard I. Connaissance spermatique.*

Henri Atlan, *Les Étincelles de hasard II. Athéisme de l'Écriture.*

Henri Atlan, *L'Utérus artificiel.*

Henri Atlan, *L'Organisation biologique et la Théorie de l'information.*

Henri Atlan, *De la fraude. Le monde de l'*onaa.

Marc Augé, *Domaines et Châteaux.*

Marc Augé, *Non-lieux. Introduction à une anthropologie de la surmodernité.*

Marc Augé, *La Guerre des rêves. Exercices d'ethnofiction.*

Marc Augé, *Casablanca.*

Marc Augé, *Le Métro revisité.*

Marc Augé, *Quelqu'un cherche à vous retrouver.*

Marc Augé, *Journal d'un SDF. Ethnofiction.*
Jean-Christophe Bailly, *Le Propre du langage. Voyages au pays des noms communs.*
Jean-Christophe Bailly, *Le Champ mimétique.*
Marcel Bénabou, *Jacob, Ménahem et Mimoun. Une épopée familiale.*
Marcel Bénabou, *Pourquoi je n'ai écrit aucun de mes livres.*
Julien Blanc, *Au commencement de la Résistance. Du côté du musée de l'Homme 1940-1941.*
R. Howard Bloch, *Le Plagiaire de Dieu. La fabuleuse industrie de l'abbé Migne.*
Remo Bodei, *La Sensation de déjà vu.*
Ginevra Bompiani, *Le Portrait de Sarah Malcolm.*
Julien Bonhomme, *Les Voleurs de sexe. Anthropologie d'une rumeur africaine.*
Yves Bonnefoy, *Lieux et Destins de l'image. Un cours de poétique au Collège de France (1981-1993).*
Yves Bonnefoy, *L'Imaginaire métaphysique.*
Yves Bonnefoy, *Notre besoin de Rimbaud.*
Philippe Borgeaud, *La Mère des Dieux. De Cybèle à la Vierge Marie.*
Philippe Borgeaud, *Aux origines de l'histoire des religions.*
Jorge Luis Borges, *Cours de littérature anglaise.*
Italo Calvino, *Pourquoi lire les classiques.*
Italo Calvino, *La Machine littérature.*
Paul Celan et Gisèle Celan-Lestrange, *Correspondance.*
Paul Celan, *Le Méridien & autres proses.*
Paul Celan, *Renverse du souffle.*
Paul Celan et Ilana Shmueli, *Correspondance.*
Paul Celan, *Partie de neige.*
Michel Chodkiewicz, *Un océan sans rivage. Ibn Arabî, le Livre et la Loi.*
Antoine Compagnon, *Chat en poche. Montaigne et l'allégorie.*
Hubert Damisch, *Un souvenir d'enfance par Piero della Francesca.*

Hubert Damisch, *CINÉ FIL.*
Luc Dardenne, *Au dos de nos images,* suivi de *Le Fils et L'Enfant,* par Jean-Pierre et Luc Dardenne.
Michel Deguy, *À ce qui n'en finit pas.*
Daniele Del Giudice, *Quand l'ombre se détache du sol.*
Daniele Del Giudice, *L'Oreille absolue.*
Daniele Del Giudice, *Dans le musée de Reims.*
Daniele Del Giudice, *Horizon mobile.*
Mireille Delmas-Marty, *Pour un droit commun.*
Marcel Detienne, *Comparer l'incomparable.*
Marcel Detienne, *Comment être autochtone. Du pur Athénien au Français raciné.*
Milad Doueihi, *Histoire perverse du cœur humain.*
Milad Doueihi, *Le Paradis terrestre. Mythes et philosophies.*
Milad Doueihi, *La Grande Conversion numérique.*
Milad Doueihi, *Solitude de l'incomparable. Augustin et Spinoza.*
Milad Doueihi, *Pour un humanisme numérique.*
Jean-Pierre Dozon, *La Cause des prophètes. Politique et religion en Afrique contemporaine*, suivi de *La Leçon des prophètes* par Marc Augé.
Pascal Dusapin, *Une musique en train de se faire.*
Norbert Elias, *Mozart. Sociologie d'un génie.*
Rachel Ertel, *Dans la langue de personne. Poésie yiddish de l'anéantissement.*
Arlette Farge, *Le Goût de l'archive.*
Arlette Farge, *Dire et mal dire. L'opinion publique au XVIIIe siècle.*
Arlette Farge, *Le Cours ordinaire des choses dans la cité au XVIIIe siècle.*
Arlette Farge, *Des lieux pour l'histoire.*
Arlette Farge, *La Nuit blanche.*
Alain Fleischer, *L'Accent, une langue fantôme.*
Alain Fleischer, *Le Carnet d'adresses.*
Alain Fleischer, *Réponse du muet au parlant. En retour à Jean-Luc Godard.*

Lydia Flem, *L'Homme Freud.*
Lydia Flem, *Casanova ou l'Exercice du bonheur.*
Lydia Flem, *La Voix des amants.*
Lydia Flem, *Comment j'ai vidé la maison de mes parents.*
Lydia Flem, *Panique.*
Lydia Flem, *Lettres d'amour en héritage.*
Lydia Flem, *Comment je me suis séparée de ma fille et de mon quasi-fils.*
Lydia Flem, *La Reine Alice.*
Lydia Flem, *Discours de réception à l'Académie royale de Belgique, accueillie par Jacques De Decker, secrétaire perpétuel.*
Nadine Fresco, *Fabrication d'un antisémite.*
Nadine Fresco, *La mort des juifs.*
Françoise Frontisi-Ducroux, *Ouvrages de dames. Ariane, Hélène, Pénélope…*
Marcel Gauchet, *L'Inconscient cérébral.*
Jack Goody, *La Culture des fleurs.*
Jack Goody, *L'Orient en Occident.*
Anthony Grafton, *Les Origines tragiques de l'érudition. Une histoire de la note en bas de page.*
Jean-Claude Grumberg, *Mon père. Inventaire, suivi de Une leçon de savoir-vivre.*
Jean-Claude Grumberg, *Pleurnichard.*
François Hartog, *Régimes d'historicité. Présentisme et expériences du temps.*
Daniel Heller-Roazen, *Écholalies. Essai sur l'oubli des langues.*
Daniel Heller-Roazen, *L'Ennemi de tous. Le pirate contre les nations.*
Jean Kellens, *La Quatrième Naissance de Zarathushtra. Zoroastre dans l'imaginaire occidental.*
Jacques Le Brun, *Le Pur Amour de Platon à Lacan.*
Jean Levi, *Les Fonctionnaires divins. Politique, despotisme et mystique en Chine ancienne.*
Jean Levi, *La Chine romanesque. Fictions d'Orient et d'Occident.*

Claude Lévi-Strauss, *L'Anthropologie face aux problèmes du monde moderne.*
Claude Lévi-Strauss, *L'Autre Face de la lune. Écrits sur le Japon.*
Nicole Loraux, *Les Mères en deuil.*
Nicole Loraux, *Né de la Terre. Mythe et politique à Athènes.*
Nicole Loraux, *La Tragédie d'Athènes. La politique entre l'ombre et l'utopie.*
Patrice Loraux, *Le Tempo de la pensée.*
Sabina Loriga, *Le Petit x. De la biographie à l'histoire.*
Charles Malamoud, *Le Jumeau solaire.*
Charles Malamoud, *La Danse des pierres. Études sur la scène sacrificielle dans l'Inde ancienne.*
François Maspero, *Des saisons au bord de la mer.*
Marie Moscovici, *L'Ombre de l'objet. Sur l'inactualité de la psychanalyse.*
Michel Pastoureau, *L'Étoffe du diable. Une histoire des rayures et des tissus rayés.*
Michel Pastoureau, *Une histoire symbolique du Moyen Âge occidental.*
Michel Pastoureau, *L'Ours. Histoire d'un roi déchu.*
Michel Pastoureau, *Les Couleurs de nos souvenirs.*
Vincent Peillon, *Une religion pour la République. La foi laïque de Ferdinand Buisson.*
Vincent Peillon, *Éloge du politique. Une introduction au XXIe siècle.*
Georges Perec, *L'infra-ordinaire.*
Georges Perec, *Vœux.*
Georges Perec, *Je suis né.*
Georges Perec, *Cantatrix sopranica L. et autres écrits scientifiques.*
Georges Perec, *L. G. Une aventure des années soixante.*
Georges Perec, *Le Voyage d'hiver.*
Georges Perec, *Un cabinet d'amateur.*
Georges Perec, *Beaux Présents, belles absentes.*
Georges Perec, *Penser/Classer.*

Michelle Perrot, *Histoire de chambres.*
J.-B. Pontalis, *La Force d'attraction.*
Jean Pouillon, *Le Cru et le Su.*
Jérôme Prieur, *Roman noir.*
Jérôme Prieur, *Rendez-vous dans une autre vie.*
Jacques Rancière, *Courts Voyages au pays du peuple.*
Jacques Rancière, *Les Noms de l'histoire. Essai de poétique du savoir.*
Jacques Rancière, *La Fable cinématographique.*
Jacques Rancière, *Chroniques des temps consensuels.*
Jean-Michel Rey, *Paul Valéry. L'aventure d'une œuvre.*
Jacqueline Risset, *Puissances du sommeil.*
Denis Roche, *Dans la maison du Sphinx. Essais sur la matière littéraire.*
Olivier Rolin, *Suite à l'hôtel Crystal.*
Olivier Rolin & Cie, *Rooms.*
Charles Rosen, *Aux confins du sens. Propos sur la musique.*
Israel Rosenfield, *« La Mégalomanie » de Freud.*
Jean-Frédéric Schaub, *Oroonoko, prince et esclave. Roman colonial de l'incertitude.*
Francis Schmidt, *La Pensée du Temple. De Jérusalem à Qoumrân.*
Jean-Claude Schmitt, *La Conversion d'Hermann le Juif. Autobiographie, histoire et fiction.*
Michel Schneider, *La Tombée du jour. Schumann.*
Michel Schneider, *Baudelaire. Les années profondes.*
David Shulman, Velcheru Narayana Rao et Sanjay Subrahmanyam, *Textures du temps. Écrire l'histoire en Inde.*
David Shulman, *Ta'ayush. Journal d'un combat pour la paix. Israël Palestine, 2002-2005.*
Jean Starobinski, *Action et Réaction. Vie et aventures d'un couple.*
Jean Starobinski, *Les Enchanteresses.*
Anne-Lise Stern, *Le Savoir-déporté. Camps, histoire, psychanalyse.*
Antonio Tabucchi, *Les Trois Derniers Jours de Fernando Pessoa. Un délire.*

Antonio Tabucchi, *La Nostalgie, l'Automobile et l'Infini. Lectures de Pessoa.*

Antonio Tabucchi, *Autobiographies d'autrui. Poétiques a posteriori.*

Emmanuel Terray, *La Politique dans la caverne.*

Emmanuel Terray, *Une passion allemande. Luther, Kant, Schiller, Hölderlin, Kleist.*

Camille de Toledo, *Le Hêtre et le Bouleau. Essai sur la tristesse européenne, suivi de L'Utopie linguistique ou la Pédagogie du vertige.*

Camille de Toledo, *Vies pøtentielles.*

Jean-Pierre Vernant, *Mythe et Religion en Grèce ancienne.*

Jean-Pierre Vernant, *Entre mythe et politique.*

Jean-Pierre Vernant, *L'Univers, les Dieux, les Hommes. Récits grecs des origines.*

Jean-Pierre Vernant, *La Traversée des frontières. Entre mythe et politique II.*

Nathan Wachtel, *Dieux et Vampires. Retour à Chipaya.*

Nathan Wachtel, *La Foi du souvenir. Labyrinthes marranes.*

Nathan Wachtel, *La Logique des bûchers.*

Nathan Wachtel, *Mémoires marranes. Itinéraires dans le* sertão *du Nordeste brésilien.*

Catherine Weinberger-Thomas, *Cendres d'immortalité. La crémation des veuves en Inde.*

Natalie Zemon Davis, *Juive, Catholique, Protestante. Trois femmes en marge au XVIIe siècle.*

译后记

人类学巨擘克洛德·列维-斯特劳斯的这本论著是他在日本进行的三场演讲的合集，演讲所围绕的主题为：面对现代世界问题的人类学。列维-斯特劳斯在这三场演讲中重新提出了他一直担忧的重要社会问题，并且希望通过人类学审视当代世界问题的独特视角，更好地了解当代世界的问题，而不是试图仅仅依靠它来解决问题。

此书虽然篇幅不大，但作为三场内容高度凝练的演讲，可以说是列维-斯特劳斯人类学思想的集中体现。而翻译这样一部作品对于一个完全没有人类学学科背景的我来说，难度实在不小。在这里，首先要感谢中国人民大学出版社宋义平编辑的信任与鼓励，他让我鼓起勇气挑战这项翻译任务。回首译书之路，心中五味杂陈。翻译过程虽然艰辛，却也充满希望。而在翻译过程中，通过查阅大量人类学的资料和书籍，我也从一个对人类学不甚了解的门外汉变成了人类学的“粉丝”。而这部作品与我似乎也很是有缘，因为是列维-斯特劳斯在日本进行的演讲，书中不少内容是与日本文化相关的，而我在中学学习了六年日文，这使我对日本的语言和文化有一定的了解，能更有助于我深刻理解作者想表达的思想，完成翻译。我不禁感叹：凡有所学，必有所用。

在此书中译本完成之际，我得知了将为人母的喜讯，感动之余，心自思忖：译本又何尝不是一个新生命呢？不同的孕育，相同的是过程的艰辛、收获的喜悦和对未来的期待。

最后，我要感谢在翻译与出版过程中给予我帮助的同学于姗、晓丽、蕾、YORO和甜，以及法语系的同事广梅和日语老师刘毅，还有中国人民大学出版社的黄超编辑，没有他们的帮助，我几乎无法完成这么艰巨的翻译任务。

栾曦

2016年10月

图书在版编目(CIP)数据

面对现代世界问题的人类学/(法)克洛德·列维-斯特劳斯著;栾曦译. —北京:中国人民大学出版社,2016.9
(列维-斯特劳斯文集)
ISBN 978-7-300-23476-2

Ⅰ.①面… Ⅱ.①克…②栾… Ⅲ.①人类学-研究 Ⅳ.①Q98

中国版本图书馆CIP数据核字(2016)第240988号

列维-斯特劳斯文集 ⑯
面对现代世界问题的人类学
[法]克洛德·列维-斯特劳斯/著
栾曦/译

出版发行	中国人民大学出版社		
社　　址	北京中关村大街31号	**邮政编码**	100080
电　　话	010-62511242(总编室)		010-62511770(质管部)
	010-82501766(邮购部)		010-62514148(门市部)
	010-62515195(发行公司)		010-62515275(盗版举报)
网　　址	http://www.crup.com.cn		
经　　销	新华书店		
印　　刷	涿州市星河印刷有限公司		
规　　格	148mm×210mm 32开本	**版　　次**	2017年1月第1版
印　　张	5 插页5	**印　　次**	2021年6月第4次印刷
字　　数	62 000	**定　　价**	29.00元